PROJECT

高等教育管理科学与工程类专业
GAODENG JIAOYU GUANLI KEXUE YU GONGCHENG LEI ZHUANYE 系列教材

园林及仿古建筑工程计量与计价

YUANLIN JI FANGGU JIANZHU GONGCHENG JILIANG YU JIJIA

主　编 / 庞　洁
副主编 / 卢广昌　蒋文宇
唐迎春　霍春梅

重庆大学出版社

内容提要

本书依据《建设工程工程量清单计价规范》(GB 50500—2013)和《园林绿化工程工程量计算规范》(GB 50858—2013)编写。全书分为7章,详细介绍了园林工程计量与计价概述、园林及仿古建筑工程基础知识、园林绿化种植工程、园路园桥工程、园林景观工程、仿古砖作工程、仿古木作工程的计量和计价。

本书结构新颖、图文并茂、通俗易懂,可作为高等学校工程造价、工程管理、园林工程等专业的教材,也可作为工程造价技术人员的自学或培训用书。

图书在版编目(CIP)数据

园林及仿古建筑工程计量与计价 / 庞洁主编. --重庆:重庆大学出版社,2022.3(2024.7重印)

高等教育管理科学与工程类专业系列教材

ISBN 978-7-5689-3157-1

Ⅰ.①园…　Ⅱ.①庞…　Ⅲ.①园林—工程施工—计量—高等学校—教材②园林—工程施工—工程造价—高等学校—教材③仿古建筑—工程施工—计量—高等学校—教材④仿古建筑—工程施工—工程造价—高等学校—教材
Ⅳ.①TU986.3②TU723.3

中国版本图书馆CIP数据核字(2022)第033119号

高等教育管理科学与工程类专业系列教材

园林及仿古建筑工程计量与计价

主　编　庞　洁

副主编　卢广昌　蒋文宇

唐迎春　霍春梅

策划编辑:林青山

责任编辑:陈　力　　版式设计:林青山

责任校对:邹　忌　　责任印制:赵　晟

*

重庆大学出版社出版发行

出版人:陈晓阳

社址:重庆市沙坪坝区大学城西路21号

邮编:401331

电话:(023) 88617190　88617185(中小学)

传真:(023) 88617186　88617166

网址:http://www.cqup.com.cn

邮箱:fxk@cqup.com.cn(营销中心)

全国新华书店经销

重庆新荟雅科技有限公司印刷

*

开本:787mm×1092mm　1/16　印张:12.5　字数:329千

2022年4月第1版　2024年7月第2次印刷

印数:2 001—3 500

ISBN 978-7-5689-3157-1　定价:39.00元

前言

Preface

本书以园林及仿古建筑工程计量与计价为主线，紧紧围绕工程建设项目划分类型进行叙述。结合实际工程需要，融合实践教学和理论教学为一体，按“会识图→全列项→精算量→活套价→汇计费”的“五步法”对园林及仿古建筑工程的计量与计价进行深入细致的讨论，落实立德树人的要求，注重培养学生的职业能力和职业素养。

本书共 7 章，其中第 1 章绪论由庞洁（广西财经学院）、卢广昌（广西大学）负责编写；第 2 章园林及仿古建筑工程基础知识由蒋文宇（广西财经学院）、唐迎春（广西建设职业技术学院）、庞洁负责编写；第 3 章园林绿化种植工程由庞洁、蒋文宇负责编写；第 4 章园路园桥工程由庞洁、卢广昌负责编写；第 5 章园林景观工程由庞洁、唐迎春负责编写；第 6 章仿古砖作工程由庞洁、霍春梅（广西财经学院）负责编写；第 7 章仿古木作工程由庞洁负责编写。全书由庞洁统稿。

本书内容新颖、系统性强，图文并茂、通俗易懂，是深入贴近工程实际的园林及仿古建筑工程应用类图书。本书可作为高等院校工程造价、风景园林等相关专业课程的教材使用，也可作为相关专业技术人员和自学者的参考和学习用书。

本书的出版得到广西财经学院管理科学与工程学院工程造价专业“2018—2020 年度广西本科高校特色专业及实验实训教学基地（中心）建设项目”的资助。

本书在编写过程中得到了蒋文宇、唐迎春、霍春梅和广西大学卢广昌工程师的大力支持和帮助，同时也参阅了许多文献资料，谨向相关作者表示诚挚的感谢。

由于编者水平所限，书中难免存在疏漏之处，恳请读者批评指正。

主　编

2022 年 1 月

目 录

Contents

第 1 章 XU LUN

绪　论

【本章主要内容及教学要求】

本章主要讨论工程造价的含义及计价特点、园林工程造价的特点及项目划分、园林工程计量与计价等问题。通过本章学习,要求:

★ 理解工程造价的含义。
★ 熟悉工程计价及计价特点。
★ 掌握园林工程造价的特点及项目划分。
★ 掌握园林工程计量与计价的方法。

1.1　工程造价概述

1.1.1　工程建设基本概念

工程建设也称为基本建设,是指固定资产扩大再生产的新建、扩建、改建、恢复工程及与之相关的其他工作。实质上,工程建设是把一定的物质资料,如建筑材料、机器设备等,通过购置、建造和安装等活动转化为固定资产,形成新的生产能力或使用效益的过程,即形成新的固定资产的经济活动过程。与此相关的其他工作,如征用土地、勘察设计、筹建机构和生产职工培训等也属于工程建设的组成部分。

工程建设的内容主要包括下述内容。

(1)建筑工程

建筑工程指通过对各类房屋建筑及其附属设施的建造和与其配套的线路、管道、设备的安装活动所形成的工程实体。其中"房屋建筑"指有顶盖、梁柱、墙壁、基础以及能够形成内部空间,满足人们生产、居住、学习、公共活动等需要,包括厂房、剧院、旅馆、商店、学校、医院和住宅等;"附属设施"指与房屋建筑配套的水塔、自行车棚、水池等。"线路、管道、设备的安装"指与房屋建筑及其附属设施相配套的电气、给排水、通信、电梯等线路、管道、设备的安装活动。

(2)安装工程

安装工程指各种设备、装置的安装工程。通常包括电气、通风、给排水以及设备安装等工作内容,工业设备及管道、电缆、照明线路等往往也涵盖在安装工程的范围内。

(3)设备、工器具及生产家具的购置

设备、工器具及生产家具的购置指车间、学校、医院、车站等所应配备的各种设备、仪器、工卡模具、器具、生产家具和备品备件等的购置费用。

(4)其他工程建设工作

其他工程建设工作指除上述以外的各种工程建设工作,如勘察设计、征用土地、拆迁安置、生产职工培训、科学研究等。

为了满足工程建设管理和造价需要,工程建设项目划分为建设项目、单项工程、单位工程、分部工程和分项工程5个基本层次,如图1.1所示。

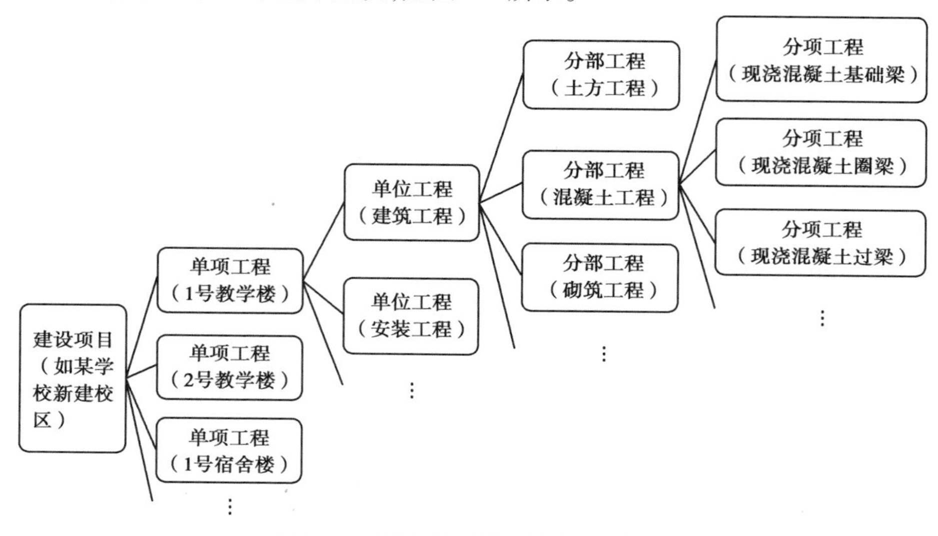

图1.1　工程建设项目的划分及实例图

1.1.2　工程造价的含义

工程造价是指工程的建造价格,工程泛指一切建设工程,即以货币形式反映工程在施工活动中所耗费的各种费用的总和。在市场经济条件下,从不同角度分析,工程造价有不同含义。

①从投资者(即业主)的角度分析,工程造价是指为建设一项工程所预期开支或实际开支的全部固定资产投资费用,即一项工程通过建设形成相应的固定资产、无形资产所需一次性费用的总和,包括设备及工器具购置费、建筑安装工程费、工程建设其他费、预备费和建设期利息。其具体构成如图1.2所示。

②从市场交易、工程发包与承包价格的角度分析,工程造价是指为建成一项工程,预计或实际在土地市场、设备市场、技术劳务市场以及有形建筑市场等交易活动中所形成的建筑安装工程费用或建设工程总费用。这里的工程既可以是整个建设工程项目,也可以是一个或几个单项工程或单位工程,还可以是一个分部工程,如建筑安装工程、装饰装修工程等。随着科学技术的进步、社会分工的细化和交易市场的完善,工程价格的种类和形式也更加丰富。

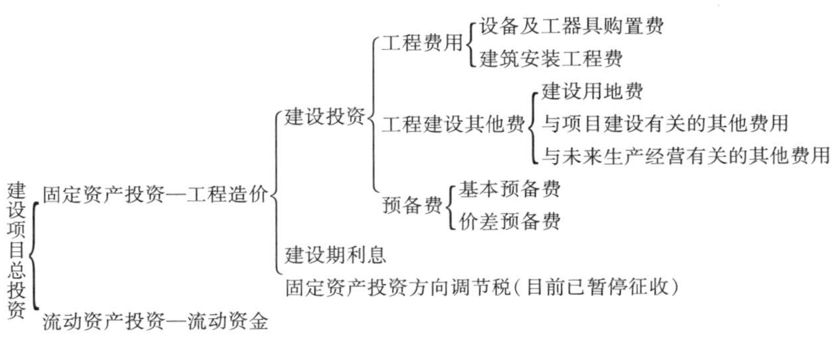

图 1.2　我国建设项目总投资和工程造价的构成图

1.1.3　工程计价及计价特点

工程计价,就是对建筑工程产品价格的计算。目前工程计价的主要方式有 2 种:定额计价和工程量清单计价。前者是我国早期使用的一种计价方式,常用“工料单价法”,其原理为:按定额规则计算分项工程量→套消耗量定额→计算人工、材料、机械台班消耗量→各消耗量分别乘以当时当地人工、材料、机械台班单价并汇总,计算出单位工程直接费→计算各类费用、利润、税金→汇总形成单位工程造价。此方式所体现的是政府对工程价格的直接管理和调控,不能体现量价分离,不利于市场竞争。后者是国际上通用的方式,也是目前我国广泛推行的方式。按国家规定,使用国有资金投资的建设工程发承包,必须采用工程量清单计价方式。它是在建设工程招投标中,招标人自行或委托具有资质的中介机构编制反映工程实体消耗和措施性消耗的工程量清单,并作为招标文件的一部分提供给投标人,由投标人依据工程量清单自主报价的计价方式。此方式实现了量价分离,企业自主报价、有利于市场竞争。

不管采用哪一种计价方式,工程计价均有以下 5 个特点。

(1)计价的单件性

建筑工程产品的个别差异性决定了每项工程都必须单独计算工程造价。不同建设项目有不同特点、功能和用途,因而导致其结构不同。项目所在地的气象、地质、水文等自然条件不同,以及建造地点、物价、社会经济等不同,都会直接或间接影响项目的工程造价。因此,每一个建设项目都必须因地制宜地进行单独计价,任务建设项目的计价都是按照特定空间一定时间来进行的。

(2)计价的多次性

建设工程是按建设程序分阶段进行的,具有周期长、规模大、造价高的特点,这就要求在工程建设的各个阶段多次计价,以保证造价计算的准确性和控制的有效性。多次计价的特点是不断深化、细化和接近实际造价的过程,其过程如图 1.3 所示。

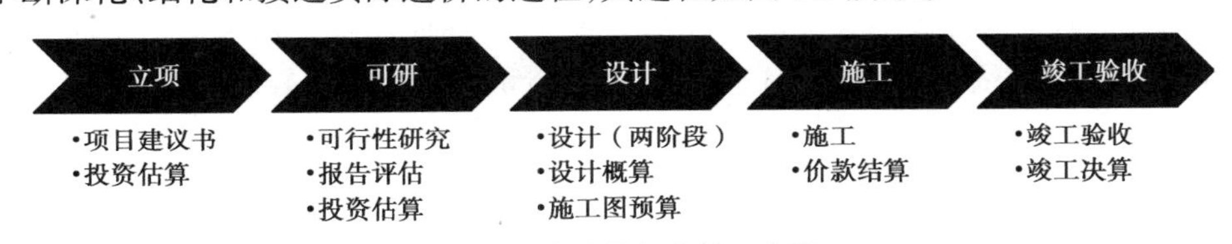

图 1.3　计价的多次性示意图

(3)计价的组合性

工程造价是逐步汇总计算而成的,一个建设项目总造价由各个单项工程造价组成,一个单项工程造价由各个单位工程造价组成,一个单位工程造价是按分部分项工程汇总计算形成得出的,这也体现了计价组合的特点。所以,工程造价的计算过程和组合是:分项工程单价→分部工程造价→单位工程造价→单项工程造价→建设项目造价。

(4)计价方法的多样性

建设工程是按程序分阶段进行的,工程造价在各个阶段的精确度要求也各不相同,因而工程造价的计价方法不是唯一和固定的。在可行性研究阶段,投资估算的方法有设备系数法、生产能力指数估算法等。在施工图设计阶段,施工图纸较完整,计算预算造价的方法有定额法和实物法等。不同的方法有不同的适用条件,计价应根据具体情况加以选择。

(5)计价依据的复杂性

工程造价的构成复杂性、影响因素众多和计价的多样性决定了其计价依据的复杂性和多样性。主要计价依据可分为以下7类。

①项目建议书、可行性研究报告、设计文件等计算依据。

②各种定额依据,以及计算人、材、机的实际消耗量依据。

③计算工程资料单价的依据,如人、材、机的单价等。

④计算工程设备单价的依据。

⑤计算各种费用的依据。

⑥计算规费和税金的依据。

⑦调整工程造价的依据,如造价文件规定、物价波动指数等。

1.2 园林工程造价概述

1.2.1 园林工程造价的特点

(1)小额性

园林工程是一个建筑与艺术相结合的行业,能够发挥一定生态和社会投资效用的工程,具有占地面积和实物形体较大,施工周期长等特点。但在工程实践中,相对于建筑、市政、安装专业而言,园林工程总造价具有小额性的特点。麻雀虽小,但五脏俱全,园林工程项目内容是综合多样的。

(2)个别性、差异性

任何一项园林工程都有特定的用途、功能和规模。所以,对每一项园林工程的结构、造型、空间分割、设备配置和内外装饰都有具体的要求,从而使园林工程内容和实物形态都具有个别性和差异性,产品的差异性决定了园林工程造价的个别性差异。同时,在园林各分部工程中又有差异性,园林植物工程量计算方法简易,不易出现偏差;园路园桥工程,尤其是铺装工程,其工程量计算烦琐多样;园林景观和仿古建筑计量计价也较复杂。

(3)动态性

任何一项园林工程从决策到竣工交付使用,都有一个较长的建设期间,而且由于不可控因素的影响,在预计工期内,许多影响园林工程造价的动态因素,例如园林工程变更,设备材料价格,工资标准以及费率、利率、汇率等,都会发生变化。这些变化必然会影响造价的变动。所以,园林工程造价在整个建设期间处于不确定状态,直至竣工决算后工程的实际造价才能被最终确定。

(4)层次性

工程造价的层次性取决于园林工程的层次性。一个园林建设项目通常含有多个能够独立发挥设计效能的单项工程(例如绿化工程、园路园桥工程和园林景观工程等)。一个单项工程又是由能够各自发挥专业效能的多个单位工程(例如土建工程、安装工程等)组成。与此相适应,工程造价有3个层次,即建设项目总造价、单项工程造价和单位工程造价。如果专业分工更细,单位工程的组成部分(以土建工程为例)——分部分项工程也可以成为交换对象,例如上方工程、基础工程、装饰工程等,这样工程造价的层次就增加了分部工程和分项工程而成为5个层次。即使从造价的计算和工程管理的角度看,工程造价的层次性也是非常突出的。

(5)复杂性

园林建筑虽然体量不大,但需要计量与计价的内容却与一般建筑无异。例如既包含结构部分的土方、基础、钢筋混凝土柱梁板、钢筋、砌筑、屋面等工程,还包括装饰装修部分的楼地面、墙柱面、天棚、门窗、油漆涂料等工程。特别是园林仿古建筑,还需要增加仿古木作工程、砖作工程、石作工程和屋面工程等,其计量计价的难度还要加大。园路园桥虽然区别于市政道路与市政桥梁,但结构类似,对园路园桥的计量计价需要掌握道路桥梁的一般知识。

(6)阶段性

资金成本较大根据建设阶段的不同,对同一园林工程的造价有不同的名称、内容和作用,如投资估算、设计概算、施工图预算、竣工结算等。工程造价的阶段性十分明确,在不同的建设阶段,工程造价的名称内容和作用是不同的。这既是长期大量工程实践的总结,也是工程造价管理的规定。

1.2.2 园林工程建设程序

园林工程建设程序包括园林建设项目从构思、策划、选择,评估、决策、设计、施工到竣工验收、投入使用、发挥效益的全过程。园林建设项目的实施一般包括立项(编制项目建议书、可行性研究、审批)、规划设计(初步设计、技术设计、施工图设计)、施工准备(申报施工许可、建设施工招标投标或施工委托、签订施工项目承包合同)、施工(建筑、设备安装、种植植物)、养护管理、后期评价等环节。

(1)园林工程建设前期阶段

园林工程建设前期阶段内容见表1.1。

表1.1 园林工程建设前期阶段内容

阶段划分	内容
项目建议书	项目建议书是建设某具体园林项目的建议文件。项目建议书是工程建设程序最初阶段的工作,主要是提出拟建项目的轮廓设想,并论述项目建设的必要性、主要建设条件和建设的可能性等,以判定项目是否需要开展下一步可行性研究工作,其作用是通过论述拟建项目的建设必要性、可行性以及获利、获益的可能性,向国家或业主推荐建设项目,供国家或业主选择并确定是否有必要进行下一步工作

续表

阶段划分	内容
可行性研究	项目建议书一经批准,即可着手进行可行性研究,在现场调研的基础上,提出可行性研究报告。可行性研究是运用多种科研成果,在建设项目投资决策前进行技术经济论证,以保证取得最佳经济效益的一门综合学科,是园林基本建设程序的关键环节
立项审批	大型园林建设项目,特别是由国家或地方政府投资的园林项目,一般均需要有关部门进行项目立项审批
规划设计	园林规划设计是对拟建项目在技术上、艺术上、经济上所进行的全程安排。园林规划设计是进行园林工程建设的前提和基础,是一切园林工程建设的指导性文件

(2)园林工程建设施工阶段

园林工程建设施工一般有自行施工、委托承包单位施工等。项目施工前,要切实做好施工组织设计等各项准备工作,具体内容见表 1.2。

表 1.2　园林工程建设施工阶段内容

阶段划分	内容
施工前期准备	施工前期准备包括施工许可证办理、征地、拆迁、清理场地、临时供电、临时供水、临时用施工道路、工地排水等;精心选定施工单位,签订施工承包合同;参加施工企业与甲方合作,依据计划进行各方面的准备,包括人员、材料、苗木、设施设备、机械、工具、现场(临建、临设等)资金等的准备
施工阶段	认真做好设计图纸会审工作,积极参加设计交底,了解设计意图,明确设计要求;选择合适的材料供应商,保证材料的价格合理,质量符合要求、供应及时;合理组织施工,争取实现项目利益的最大化;建立并落实技术管理、质量管理体系和质量保证体系,保证项目的质量;按照国家和社会的各项建设法规、规范、标准要求,严格做好中间质量验收和竣工验收工作
项目维护、养护管理阶段	现行园林建设工程、通常在竣工后需要对施工项目实施技术维护、养护数年。项目维护、养护期间的费用执行园林养护管理预算
竣工验收阶段	园林绿化工程按设计文件规定的内容、业主要求和有关规范标准全部完成,竣工清理完成后,达到了竣工验收条件,建设单位便可以组织勘察、设计、施工、监理等有关单位参加竣工验收。竣工验收阶段是园林绿化工程建设的最后一个环节,是全面考核建设成果、检验设计和工程质量的重要步骤,也是基本建设转入生产和使用的标志,目前园林绿化工程实行"养护期满"后,才算园林绿化工程总竣工的方式
项目后评价阶段	建设项目的后评价是工程项目竣工并使用一段时间后、对立项决策、设计施工、竣工等进行系统评价的一种技术经济活动,是固定资产投资管理的一项重要内容。通过项目后评价总结经验、研究问题、肯定成绩、改进工作,不断提高决策水平

1.2.3　建设程序与工程计价的关系

园林工程建设程序与园林工程计价之间的关系密不可分,它们之间的关系如图 1.4 所示。

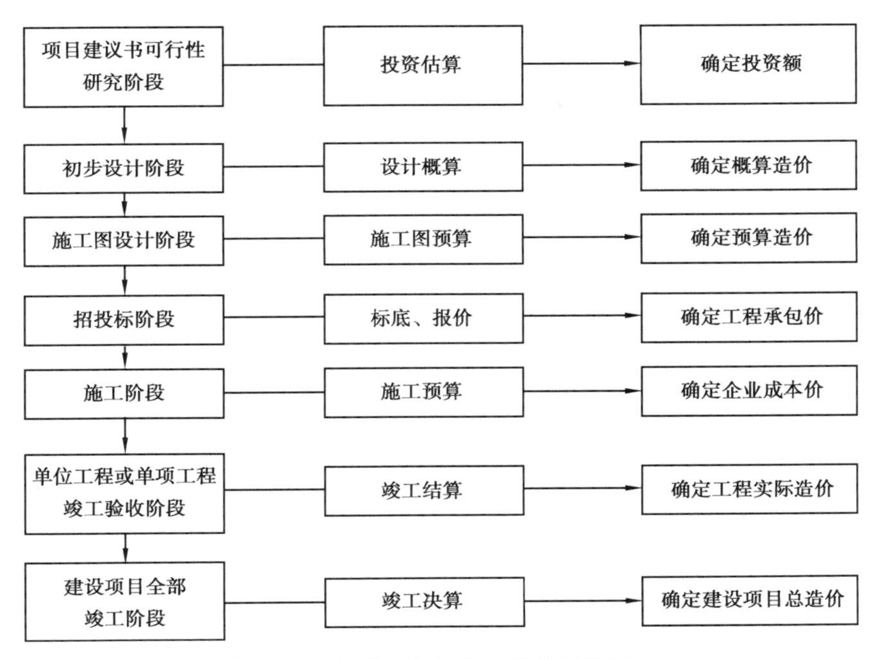

图 1.4 建设程序与工程计价之间的关系

1.2.4 园林工程项目的划分

为了满足园林工程建设管理和造价需要，园林工程建设项目划分为建设项目、单项工程、单位工程、分部工程和分项工程等5个基本层次，具体实例如图1.5所示。

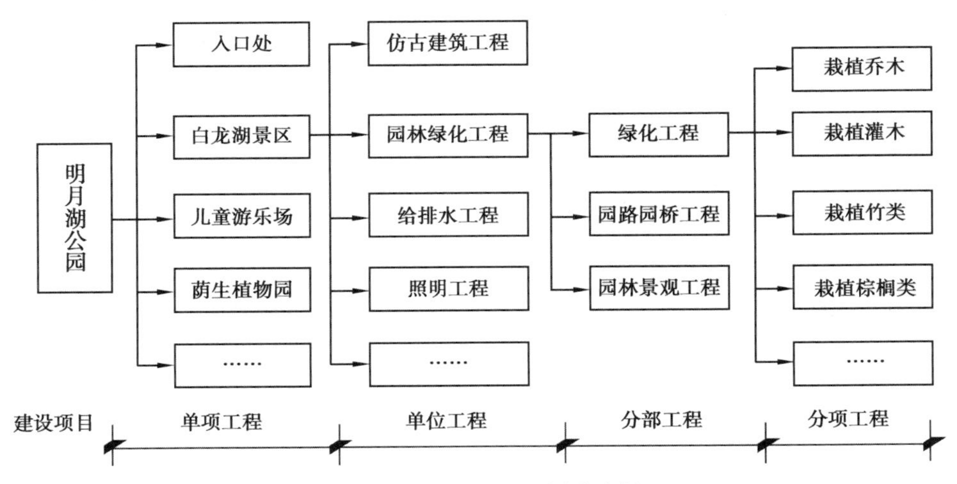

图 1.5 园林工程项目划分实例

1.3 园林工程计量与计价方法

通常要编制完成园林工程建设各阶段的造价文件，有两种不同的计价方法：定额计价法和清单计价法。其中，定额计价法适用于园林工程投资估算、设计概算以及采用预算定额工料单位编制的施工图预算。定额计价法用于工程建设的前期和中期阶段造价文件的编制。清单计价法适用于园林工程根据招标清单采用综合单价编制的施工图预算和园林工程施工过程中的价款结算，即用于工程建设中后期阶段造价文件的编制。

1.3.1 定义

（1）定额计价法

定额计价，是指根据招标文件，按照国家建设行政主管部门发布的建设工程预算定额的“工程量计算规则”，同时参照省级建设行政主管部门发布的人工工日单价、机械台班单价、材料以及设备价格信息及同期市场价格，直接计算出直接工程费，再按规定的计算方法计算间接费、利润、税金，汇总确定工程造价。

（2）清单计价法

工程量清单计价，是招标人依据施工图纸、招标文件要求和统一的工程量计算规则以及统一的施工项目划分规定，为投标人提供工程量清单。投标人根据本企业的消耗标准、利润目标，结合工程实际情况、市场竞争情况和企业实力，并充分考虑各种风险因素，自主填报清单所列项目，包括工程直接成本、间接成本、利润和税金在内的单价和合价，并以所报的单价作为竣工结算时增减工程量的计价标准调整工程造价。

1.3.2 区别

工程定额计价和工程量清单计价的区别详见表 1.3。

表 1.3 工程定额计价和工程量清单计价的区别

内容	工程定额计价	工程量清单计价
项目设置	一般是按施工工序、工艺进行设置的，定额项目包括的工程内容一般是单一的	工程量清单项目的设置是以一个“综合实体”考虑的，“综合项目”一般包括多个子目工程内容
定价原则	按工程造价管理机构发布的有关规定及定额中的基价计价	按照清单的要求，企业自主报价
计价价款构成	定额计价价款包括：分部分项工程费、利润、措施项目费、其他项目费、规费和税金	工程量清单计价价款是指完成招标文件规定的工程量清单项目所需的全部费用
单价构成	定额计价采用定额子目基价，定额子目基价包括定额编制时期的人工费、材料费、机械费、管理费	工程量清单采用综合单价。综合单价包括人工费、材料费、机械费、管理费和利润，且各项费用均由投标人根据企业自身情况考虑各种风险因素自行编制

续表

内容	工程定额计价	工程量清单计价
价差调整	按工程承发包双方约定的价格与定额价对比,调整价差	按工程承发包双方约定的价格直接计算,除招标文件规定外,不存在价差调整的问题
计价过程	招标方只负责编写招标文件,不设置工程项目内容,也不计算工程量。工程计价的子目和相应的工程量由投标方根据设计文件确定。项目设置、工程量计算、工程计价等工作在一个阶段内完成	清单计价模式由两个阶段组成:①由招标方编制工程量清单;②投标方拿到工程量清单后根据清单报价
人工、材料、机械消耗量	按《综合定额》标准计算,《综合定额》标准是按社会平均水平编制的	由投标人根据企业的自身情况或《企业定额》自定
工程量计算规则	按定额工程量计算规则	按清单工程量计算规则
计价方法	根据施工工序计价,即将相同施工工序的工程量相加汇总,选套定额,计算出一个子项的定额分部分项工程费,每一个项目独立计价	按一个综合实体计价,即子项目随主体项目计价,由于主体项目与组合项目是不同的施工工序,所以往往要计算多个子项才能完成一个清单项目的分部分项工程综合单价,每一个项目组合计价
价格表现形式	只表示工程总价,分部分项工程费不具有单独存在的意义	主要为分部分项工程综合单价,是投标、评标、结算的依据,单价一般不调整
适用范围	便于审标底,设计概算,工程造价鉴定	全部使用国有资金投资或国有资金投资为主的大中型建设工程和需招标的小型工程
工程风险	投标人一般只承担工程量计算风险,不承担材料价格风险	招标人承担差量的风险,投标人承担组成价格的全部因素风险

1.4　课程学习方法

1.4.1　课程性质和主要任务

(1)课程性质

园林工程计量与计价课程是工程造价或风景园林专业的一门业务素质课,是加强学生经济概念的一门重要课程。其目的是使学生懂得园林及仿古建筑工程投资的构成及各分项工程成本计算及控制,掌握具体园林及仿古建筑工程概预算的方法及文件编制。

(2)主要任务

通过本课程的学习,学生应能掌握园林及仿古建筑工程造价的组成,工程量计算,工程造价管理的现状与发展趋势。核心任务是帮助学生建立现代科学工程造价管理的思维观念和方法,具有工程造价管理的初步能力。

1.4.2 课程学习方法

课程学习方法可概括为会识图→全列项→精算量→活套价→汇计费，适合于工程计价的每一过程，其中的每一个方法所涉及内容的不同，就会对应不同的计价。

(1)会识图

会识图是工程计量计价的基本工作，只有学会看懂设计图纸和熟悉图纸后，才能对工程内容、结构特征、技术要求有清晰的概念，才能在计量计价时做到项目全、计量准、速度快。因此，在计价之前，应留一定时间，专门用来识图，识图重点是：

①对照图纸目录，检查图纸是否齐全。

②采用的标准图集是否已经具备。

③设计说明或附注要仔细阅读，避免漏项。

④设计上有无特殊的施工质量要求，事先列出需要另编补充定额的项目。

⑤平面坐标和竖向布置标高的控制点。

⑥本工程与总图的关系。

(2)全列项

全列项就是全部列出需要计量计价的分部分项工程项目，避免漏项。其要点是：

①工程量清单列项。依据《园林绿化工程工程量清单计算规范》列出清单分项，才可对每一清单分项计算清单工程量，按规定格式(包含项目编码、项目名称、项目特征、计量单位、工程数量)编制成“工程量清单”文件。

②综合单价的组价列项。依据《园林绿化工程工程量清单计算规范》每分项的特征要求和工作内容，从《预算定额》或《消耗量定额》中找出与施工过程匹配的定额项目，对每一定额项目计量计价，才能产生每一清单分项的综合单价。

③定额计价列项。依据《预算定额》或《消耗量定额》列出定额分项，才可对每一定额分项计算定额工程量并套价。

(3)精算量

精算量就是精确地对工程量进行计算。清单工程量必须依据《园林绿化工程工程量清单计算规范》规定的计算规则进行正确计算，定额工程量必须依据《消耗量定额》规定的计算规则进行正确计算。计价的基础是定额工程量，施工费用因定额工程量而产生，不同的施工方式会使定额工程量存在差异。

(4)活套价

活套价就是理解定额，因地制宜灵活地套用消耗量定额。在市场经济条件下，按照“价变量不变”的原则，基于《预算定额》或《消耗量定额》的消耗量，采用人、材、机的市场价格，一切工程单价都是可以重组的，要根据具体工程做法灵活套价。

(5)汇计费

汇计费就是善于根据工程实际，汇总计算除分部分项工程费以外的其他费用。定额计价法在直接工程费以外还要计算措施项目费、其他项目费、管理费、利润、规费及税金；清单计价法在分部分项工程费以外还要计算措施项目费、其他项目费、规费及税金，这些费用的汇总就是单位工程总造价。

思考与练习题

1.工程建设项目是如何划分的？试举例说明它们之间的关系。
2.简述工程造价的含义。
3.工程计价有哪几种方式？试论它们之间的区别。
4.简述工程计价的特点。
5.简述园林工程造价的特点及项目划分。
6.简述园林工程计量与计价的方法与区别。

第 2 章

YUANLIN JI FANGGU
JIANZHU GONGCHENG
JICHU ZHISHI

园林及仿古建筑工程基础知识

【本章主要内容及教学要求】

本章主要讨论园林工程的主要内容、仿古建筑工程的分类及结构类型等问题。通过本章学习,要求:

★ 熟悉园林工程的主要内容。
★ 熟悉园林绿化植物的分类。
★ 掌握园林建筑工程的常见形式。
★ 掌握仿古建筑工程的结构类型及特点。

园林,是指在一定地域运用工程技术和艺术手段,通过地形或进一步筑山、叠石、理水,种植树木花草,营造建筑和布置园路等途径创作而成的美的自然环境和游憩境域。园林构造的五大要素,即山水地形、植物、建筑、广场与道路和园林小品。

园林,包括庭园、宅园、小游园、花园、公园、植物园、动物园等,随着学科的发展,还包括森林公园、风景名胜区、自然保护区或国家公园林的游览区以及疗养胜地。

2.1 园林工程的主要内容

园林工程是研究具体实施园林建设的工程技术,包括竖向处理,地形塑造,土方填筑的场地工程;掇山、置石工程;风景园林理水工程(含滨水地带生态修复、护岸护坡、水闸、水池及喷泉);风景园林给水、排水工程(含雨水收集、处理、回用技术);园路和广场铺装工程;风景园林种植工程(含大树移植、屋顶种植、坡面种植);风景园林绿地养护工程;风景园林建筑工程;风景园林景观照明工程及弱电工程(含监控、广播、通信)等。

园林营造在我国历史悠久,博大精深,它既有人工山水园也有天然山水园。前者是在平地上开凿水体、堆筑假山,配以花木栽植和建筑营构,把天然山水风景浓缩在一个小的范围之内;后者则是利用天然山水的局部作为建园基址,再辅以花木栽植和建筑营构而成园林。

2.1.1 园林土方工程

园林工程施工,必先动土,并对施工场地地形进行整理和改造。土方工程是园林建设工程中的主要工程项目,如挖湖筑山、平整场地、开槽筑路等,尤其是大规模的挖湖堆山、整理地形的工程。这些项目工期长,工程量大,投资大且艺术要求性高。土方工程施工质量直接影响到工程的顺利进行、景观质量、施工成本和以后的日常维护管理。

园林中所有的景物、景点及大多数的功能设施都对地形有着多方面的要求。园林地形分为陆地和水体两类,陆地又分为平地、坡地和山地 3 类。园林绿地要结合各种地形类型进行造景或修建必要的实用性建筑(图 2.1)。如果原有地形条件与设计意图和使用功能不符,就需加以处理和改造,使之符合造园的需要。

图 2.1　地形与园林造景

土方工程施工包括挖、运、填、压 4 个方面的内容。其施工方法有人力施工、机械化和半机械化施工等。施工方式要根据施工现场的现状、工程量和当地的施工条件决定。在规模大、土方较集中的工程中,建议用机械化施工;当工程量小、施工点分散的工程,建议采用人工施工或半机械化施工。

2.1.2 园林水景工程

水景工程是风景园林与水景相关的工程总称。水是园林的生命,是景观之魂。水与其他造园要素配合,才能建造出符合现代人们需求的水景。在现代园林中,水仍然是一个重要的主题,无论是城市公共空间还是居住环境,水景都得到了广泛应用。随着科学进步,现代园林及环境设计的设计要素在表现手法上更加宽广与自由。

园林景观水景设计既要师法自然,又要不断创新(图 2.2)。水景可以设计成平静、流动、跌落和喷涌 4 种形式。平静的有湖泊、水池、水塘等;流动的有溪流、水坡、水道等;跌落的有瀑布、水帘、跌水、水墙等;喷涌有多重喷泉形式。在水景设计中可以一种形式为主,其他形式为辅,或几种形式相结合。

图 2.2　园林水景景观

2.1.3　园林绿化种植工程

园林绿化种植工程不同于其他硬质景观工程，其种植的园林植物是有生命的，种植后有一个成活、生长、成形的过程，需通过长期的养护才能达到最佳的景观效果。

园林绿化植物都是有生命的活体，这就要求植物的配植不仅要满足其生长的生态习性要求，还应讲究艺术性，这样才能最终达到“虽由人作、宛如天开”的艺术效果。园林绿化种植工程应尊重科学，有效地将新技术、新工艺应用于土球包扎、运输、修剪、放线种植、养护等各个环节，积极克服各种不利因素的影响，提升园林绿化种植工程的品质。

园林绿化苗木植物的分类和常见品种如下所述。

(1)针叶树

叶针形或近似针形树木，泛指叶小型的裸子植物树种，如雪松、白皮松、圆柏等，具体如图 2.3 所示。

(2)阔叶树

叶形宽大不呈针形、鳞形、线形、钻形的树木，如榕树、木棉等，具体如图 2.4 所示。

图 2.3　针叶树(雪松)

图 2.4　阔叶树(榕树)

(3)常绿树

四季常绿的树木，如松、柏、白兰花、桂花、山茶花等。

(4)落叶树

春季发芽，夏季葱绿，秋季变色，冬季落叶的树种均为落叶树，如裸子植物、被子植物、乔木、灌木等。

(5)乔木

树体高大而具有明显主干的树种，如银杏、雪松、桂花、龙眼等。

(6)庭荫树

庭荫树指可供栽植在庭院里、广场上或其他建筑物附近，用以遮蔽阳光的一类树木，如梧桐、银杏、香樟、扁桃等。

(7)攀缘植物

茎干柔软不能自行独立直立向高处生长，需攀附或顺延别的物体方可向高处生长的植物，也称藤本植物，如紫藤、金银花、葡萄、常春藤、炮仗花等。

(8)观赏植物

其株形、叶、花、枝、果的任何部分都具有观赏价值，专以审美为目的而繁殖培育栽培的植物，如树蕨类、金钱松、黄山松、东北红豆杉等。

(9)观花植物

开花美丽、色艳、花形奇特或具香气供观赏的植物，如牡丹、月季、石榴、白兰花、千屈菜等，具体如图 2.5 所示。

(10)观果植物

以果实为主要观赏对象的植物，如罗汉松、红豆杉、木瓜、佛手、八角、枇杷等，具体如图 2.6 所示。

图 2.5　观花植物(白兰花)

图 2.6　观果植物(佛手)

(11)观叶植物

以叶形、叶色为观赏对象的植物，如枫香、吊兰、梧桐、虎耳草等。

(12)多年生花卉

观赏植物中，凡全部生命过程需二年以上才能完成的花卉统称多年生花卉，如宿根花卉、球根花卉、水生花卉、地被植物、蕨类植物、开花灌木、观花乔木等。

(13)宿根花卉

凡多年生草本观赏植物，于当年开花后地上部的茎叶全部枯死，而地下部的根或茎进入休眠状态。翌年春季继续萌芽生长，生命可延续多年，统称宿根花卉，不包括根或茎肥大变态成球状或块状的球根花卉，如石竹、牡丹、荷兰菊等，具体如图 2.7 所示。

(14)球根花卉

多年生草本观赏植物,凡根与地下茎发生变态而膨大成球形或块状的,统称为球根花卉,如水仙、大丽花、风信子等,具体如图2.8所示。

图2.7 宿根花卉(石竹)

图2.8 球根花卉(水仙)

(15)一年生花卉

凡早春播种,经萌芽生长,花芽分化,春秋季开花,秋季种子成熟,整个生命周期在当年内完成,至植株枯死的草本观赏植物,统称一年生花卉,如百日草、鸡冠花、美女樱、五色椒等。

(16)二年生花卉

凡秋季播种,经过短期低温(0~10 ℃)春化阶段促进花芽分化,于翌年春季开花,夏季结实,而后植株枯死,整个生命需跨年度完成的草本观赏植物,统称为二年生花卉,如金鱼草、金盏、桂竹香等。

(17)水生植物

自然生长于水中,在旱地不能生存或生长不良;多数为宿根或球茎的多年生植物,其中许多供观赏的水生花卉,如再力花、荷花、睡莲等。

(18)草坪植物(草坪草)

适合于草坪应用的一些种类,一般称草坪草,如马尼拉草、地毯草、黑麦草、细叶苔草等。

2.1.4 园林建筑工程

园林建筑是建造在园林和城市绿化地段内供人们游憩或观赏用的建筑物,常见的有亭、榭、廊、阁、轩、楼、台、舫、厅堂等建筑物。园林建筑在园林中主要起到以下几方面的作用:一是造景,即园林建筑本身就是被观赏的景观或景观的一部分;二是为游览者提供观景的视点和场所;三是提供休憩及活动的空间;四是提供简单的使用功能,诸如小卖部、售票处、摄影部等;五是作为主体建筑的必要补充或联系过渡。

中国园林以自然景观为主体,但园林建筑常是造景的中心,或对自然景观起画龙点睛的作用。中国自然山水园林发挥了建筑作用,使园林景区的划分、空间的安排等都显得层次分明,序列明确,给人以深刻的印象。中国园林中一墙一垣、一桥一廊无不求充分发挥它们的成景、点景的作用。并且,中国园林建筑上大都有匾额楹联,室内还有与景点意境相呼应的诗画。这些诗画和书法艺术对欣赏体会园林艺术和造园家创造环境的匠心,能起到点题和引导的作用。

常见的园林建筑形式有：

(1)亭

亭是园林中最常见的建筑物。主要供人休息观景，兼做景点。亭子的形式千变万化，若按平面的形状分，常见的有三角亭、方亭、圆亭、矩形亭和八角亭；按屋顶的形式有攒尖亭、歇山亭；按所处位置有桥亭、路亭、井亭、廊亭，如图 2.9 所示。

(2)廊

狭长而通畅，弯曲而空透，用来连接景区和景点，它是一种既“引”且“观”的建筑。狭长而通畅能促人生发某种期待与寻求的情绪，从而达到“引人入胜”的目的；弯曲而空透，可观赏到千变万化的景色，从而达到步移景异的效果。此外，廊柱还具有框景的作用，如图 2.10 所示。

图 2.9　亭

图 2.10　廊

(3)榭

常在水面和花畔建造，借以成景。榭都是小巧玲珑、精致开敞的建筑，室内装饰简洁雅致，近可观鱼或品评花木，远可极目眺望，既是游览线中最佳的景点，也是构成景点最动人的建筑形式之一，如图 2.11 所示。

(4)舫

为水边或水中的船形建筑，前后分作 3 段，前舱较高，中舱略低，后舱建两层楼房，供登高远眺。前端有平硚岸相连，模仿登船之跳板。由于舫不能移动故又称不系舟。舫在水中，使人更接近于水，身临其中，使人有荡漾于水中之感，是园林中供人休息、游赏、饮宴的场所，如图 2.12 所示。

图 2.11　榭

图 2.12　舫

(5)厅

厅多作聚会、宴请、赏景之用,其多种功能集于一体。特点:造型高大、空间宽敞、装修精美、陈设富丽,一般前后或四周都开设门窗,可以在厅中静观园外美景。厅又有四面厅、鸳鸯厅之分,主要厅堂多采用四面厅,为了便于观景,四周往往不作封闭的墙体,而设大面积隔扇、落地长窗,并四周绕以回廊。

(6)堂

往往成封闭院落布局,只在正面开设门窗。一般来说,不同的堂具有不同的功能,有用作会客之用,有用作宴请、观戏之用,有的则是书房。因此各堂的功能按具体情况而定,相互间不尽相同。

(7)阁

阁是私家园林中最高的建筑物,供游人休息品茗,登高观景。阁一般有两层以上的屋顶,形体比楼更通透,可以四面观景。

2.2 仿古建筑的基本知识

2.2.1 仿古建筑工程概述

仿古建筑是指仿照古建筑式样而运用现代结构、材料及技术建造的建筑物构筑物和纪念性建筑。仿古建筑的设计与施工包括仿古砖作工程、木作工程、石作工程、屋面工程、钢筋混凝土工程和油漆彩画工程。

(1)砖作工程

砖作工程是中国古代建筑中使用砖材砌筑建筑物、构筑物或其中某一部分的专业。宋《营造法式》中的“砖作”部分,记述了砖的各种规格和用法,用砖砌筑台基、须弥座、台阶、墙、券洞、水道、锅台、路面、坡道等工程。清工部《工程做法》中未列砖作,砌柱墩、基墙、墙、硬山山尖、墀头等作业属瓦作。

砖作工程结构分类包括基础、阶基和墙壁,其中墙壁因所在部位不同,分山墙、檐墙、扇面墙、隔断墙、槛墙、院墙和围墙。

(2)木作工程

木作是指人们运用一定的工具把木头做成自己想要的东西的一个过程,可分为大木作、小木作、圆木作、细木作。

大木作指木构件建筑承重部分,由柱、梁、枋、檩等组成,同时又是木建筑比例尺度和形体外观的重要决定因素。

小木作就是指完成木建筑的非承重构件的一个过程,小木是指木建筑的非承重构件,在宋《营造法式》中归入小木作制作的构件有门、窗、隔断、栏杆、外檐装饰及防护构件、地板、天花(顶棚)、楼梯井亭等42种。清工部《工程做法》则称小木作为装修作,并把在室外的称为外檐装修,在室内的称为内檐装修。到了现在其实也可以把木家具制作归为小木作。

圆木作就是指制作各种生产、生活用的木制桶器的一个过程,桶器有水桶、饭桶、马桶、澡桶、脚桶,农业用品如粪桶等。

细就是精巧的意思,顾名思义细木作就是指完成精巧的木工作品的一个过程,比如木器上或房屋的隔扇、窗户等上头雕刻图案、花纹称作雕花,还有木版雕刻等,人们也可以把制作精美的榫卯结构归为细木作,总之除了大木作、小木作和圆木作,剩下的都可暂时归类到细木作中。

(3)石作工程

石作是中国古代建筑中建造石建筑物、制作和安装石构件和石部件的专业。宋《营造法式》中所述的石作包括粗材加工,雕饰,以及柱础、台基、坛、地面、台阶、栏杆、水槽、上马石、夹杆石、碑碣拱门等的制作和安装等内容。清工部《工程做法》和《圆明园内工现行则例》内容基本相同,又增加了石桌、绣墩、花盆座、石狮等建筑部件的制作和安装,但不包括石拱门。

石建筑物可分为3类:单体建筑,即塔、堂、亭、桥等均属此类;附属建筑和建筑小品,即阙、牌坊、华表、石幢、碑碣、石座、石兽、石灯等均属此类;石窟,即属石凿洞库工程。

建筑中的石构件和石部件主要有:台基(普通台基和须弥座)、柱础、栏杆、台阶、踏跺和礓。

(4)屋面工程

屋面是指建筑物屋顶的表面,也指屋脊与屋檐之间的部分。屋顶是我国传统建筑造型中非常重要的构成因素。从古至今中国的建筑都突出屋顶的造型作用,只是在不同的历史时期呈现出不同形态。从我国古代建筑的整体外观上看,屋顶是其中最具特色的部分。

我国古代建筑的屋顶式样非常丰富,变化多端,古建筑屋面形式等级从高到低依次为:重檐庑殿顶>重檐歇山顶>单檐庑殿顶>单檐歇山顶>悬山顶>硬山顶。歇山顶的出现晚于庑殿顶,其样式最早可见于汉阙石刻。等级低者有硬山顶、悬山顶,等级高者有庑殿顶、歇山顶。此外,还有攒尖顶、卷棚顶,以及扇形顶、盔顶、盝顶、勾连搭顶、平顶、穹窿顶、十字顶等特殊的形式。庑殿顶、歇山顶、攒尖顶等又有单檐,重檐之别,攒尖顶则有圆形、方形、六角形、八角形等变化形式。

本教材主要讨论仿古建筑中常见的砖作工程和木作工程。

2.2.2 仿古建筑工程结构

中国仿古建筑的结构特点可归纳为大屋顶、木骨架、檐装饰和石台基。

1)大屋顶

中国仿古建筑按外观造型有很多形式,但在具体应用中最普及形式有:硬山建筑、悬山建筑(分尖山顶和卷棚顶)、庑殿建筑(分单檐和重檐)、歇山建筑(分单檐和重檐)、攒尖顶建筑5类。

(1)硬山建筑

硬山是中国古代建筑中的一种形式。屋面仅有前后两坡,左右两侧山墙与屋面相交,并将檩木、梁全部封砌在山墙内的建筑称为硬山建筑(图2.13)。硬山建筑是中国古建筑中最普通的形式,住宅、园林、寺庙中都有大量的这类建筑。

(2)悬山建筑

悬山是古代汉族建筑屋顶形式的一种(图2.14)。屋面有前后两坡,而且两山屋面悬于山墙或山面屋架之外的建筑,称为悬山(亦称挑山)式建筑。悬山建筑稍间的檩木不是包砌在山墙之内,而是挑出山墙之外,挑出的部分称为“天翔”,这是它区别于硬山的主要特点,是显示汉族文化特色的标志性建筑。

图 2.13 硬山建筑

图 2.14 悬山建筑

(3)庑殿建筑

庑殿是古代传统建筑中的一种屋顶形式(图 2.15)。宋时称为“五脊殿”“吴殿”;清时称为“四阿殿”;吴《营造法原》称为“四合舍”。传统建筑形制体系定型后,庑殿建筑成为房屋建筑中等级最高的一种建筑形式,由于其屋顶陡曲峻峭,屋檐宽深庄重、气势雄伟浩大,在封建社会里,它是体现皇权、神权等统治阶级的象征。所以多用作宫殿、坛庙、重要门楼等高级建筑上,官府及庶民不许采用。

图 2.15 庑殿建筑

(4)歇山建筑

歇山顶是我国传统建筑屋顶形式之一,这种屋顶多用在建筑性质较为重要,体量较大的建筑上。它由 4 个倾斜的屋面,一条正脊、四条垂脊、四条戗脊(即垂脊下端处折向的一条)和两侧倾斜屋面上部转折或垂直的三角形墙面(俗称“山花”)组成(图 2.16)。歇山建筑根据屋顶屋脊形式不同,分为尖山顶和卷棚顶两种,每种又可分为单檐歇山和重檐歇山。

图 2.16 歇山建筑

(5)攒尖顶建筑

建筑物的屋面在顶部交汇为一点,形成尖顶,这种建筑称为攒尖顶建筑,其屋顶称为攒尖顶(图2.17)。其特点是屋顶为锥形,没有正脊,顶部集中于一点,即宝顶,该顶常用于亭、榭、阁和塔等建筑。

图2.17　攒尖顶建筑

2)木骨架

中国仿古建筑的木构骨架简称木构件,是整体房屋的主要承重骨架,它由柱、梁、檩、枋等构件组合而成。木构架的基本结构,根据仿古建筑的造型可以分为硬、悬山建筑木构架,庑殿建筑木构架(图2.18),歇山建筑木构架,攒尖建筑本构架,廊道建筑木构架等,其他水榭、石舫以及各种亭子建筑,均由这些基本木构架组合或变换而成。

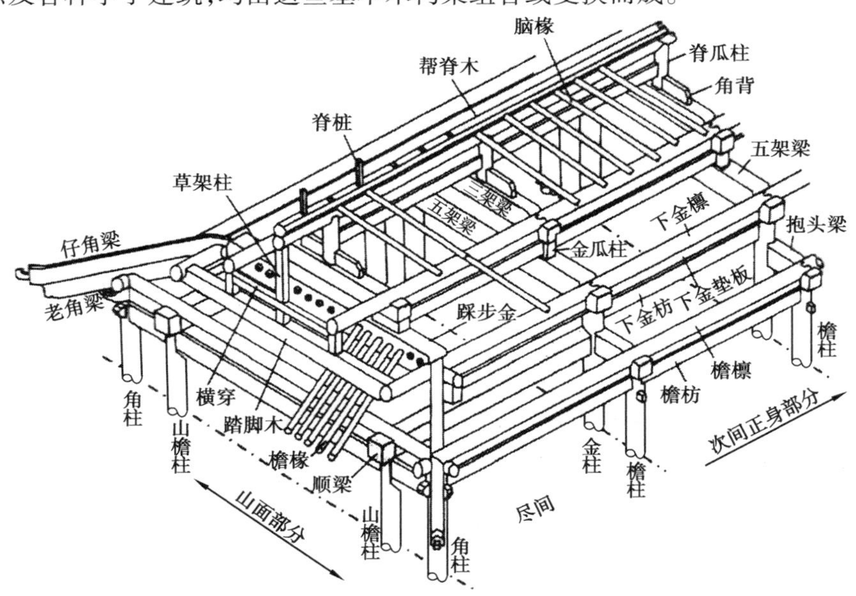

图2.18　庑殿建筑木构架

3)屋顶装饰

中国仿古建筑的屋顶,具有优雅美丽、形式多样、美观大方等特点,它体现了中华民族古建文化的民族特色,是表现中国仿古建筑外观效果的最显眼部位。仿古建筑的屋顶,由屋顶形式、屋面瓦作和各种屋脊等内容所组成。

屋顶形式，根据仿古建筑的造型不同可分为硬山、悬山、庑殿、歇山、攒尖等屋顶。屋面瓦作是指在屋顶木基层的望板或望砖以上，进行一些泥瓦活的操作工艺，按层次分为屋面筑底、屋面铺瓦（有琉璃瓦屋面和布瓦屋面）和屋面筑脊等。各种屋脊，如硬山、悬山屋顶琉璃屋脊、屋顶琉璃屋脊等，在屋脊上的正脊脊身，一般由正当沟、压当条、正通脊、脊筒瓦等组成，正脊两端砌筑正吻（当房屋等级较低时改用望兽）。庑殿顶垂脊的走兽一般最低不少于5个，除北京紫禁城太和殿可以用满10个，其他建筑最多只能用足9个。琉璃攒尖屋顶的屋脊，只有宝顶和垂脊，而圆形攒尖屋顶则只有宝顶，没有垂脊，如图2.19所示。

图2.19　正脊和垂脊装饰

4）围护与台基

（1）围护

仿古建筑的围护结构是指屋顶檐口以下，前后左右4个外立面的遮挡阻隔结构，除完全透空的建筑（如亭廊、水榭等）是采用檐柱与透空栏杆做成围栏外，对其他需要遮挡阻隔的垂立面，都做有围护结构，如砖砌墙体、门窗隔扇等。它对体现仿古建筑民族特色，起着很重要的渲染效果。

（2）台基

台基是我国古代建筑不可缺少的部分，在重要建筑上多为雕刻丰富的汉白玉石须弥座，配以栏杆、台阶，有时可以做到两三层，更显得建筑物雄伟、壮观，如图2.20所示。

图2.20　围护与台基

仿古建筑的台基,是承托整个房屋木构架和墙体荷载的承台基座。由于中国仿古建筑一般都不太高,而房屋受力骨架又是以木结构为主,因此对基础的承载力都不是很大,故不要求很深的桩基和钢筋混凝土基础,一般只要对地基进行适当处理,并用砖石构筑成台基即可。

思考与练习题

1.园林工程的主要内容有哪些?
2.常见的园林绿化植物的分类有哪些?
3.列举园林建筑中的常见形式。
4.仿古建筑工程的结构类型有哪些?
5.简述硬山建筑与悬山建筑的特点与区别。
6.简述庑殿建筑和歇山建筑的主要特点。

第 3 章

YUANLIN LÜHUA
ZHONGZHI GONGCHENG

园林绿化种植工程

【本章主要内容及教学要求】

本章主要讨论园林绿化种植工程的项目划分、工程量计算和综合单价计算等问题。通过本章学习,要求:

★ 熟悉园林绿化种植工程的相关知识。
★ 熟悉园林绿化种植工程清单分项的划分标准。
★ 掌握园林绿化种植工程的工程量计算规则。
★ 掌握园林绿化种植工程的综合单价分析计算方法。

3.1 相关知识

3.1.1 绿地整理

1) 绿地平整

在进行绿化施工之前,绿化用地上所有建筑垃圾和其他杂物都要清除干净。若土质已遭恶化或其他污染,要清除恶化土壤,置换肥沃客土。

客土是指非当地原生的、由别处移来用于置换原生土的外地土壤,通常是指质地好的沙质土或人工土壤。制作满足这些条件的客土,仅依靠自然土壤是不够的,还需人工添加其他物质。在自然土壤中所应添加的其他物质有各类肥料、土壤改良剂等。

2) 土方造型

自然环境中因为地形的起伏形成平原、丘陵、山峰、盆地等地貌,在园林绿地中模仿自然表面各种起伏形状的地貌而进行的微地形处理,称为土方造型。

3) 苗木起挖

将植株从土中连根(裸根或带土团并包装)起出,术语称为掘苗,通俗称为苗木起挖。

(1) 地栽苗

地栽苗是用种子播种或者扦插让根系在田地中自由生长培育出来的苗木,3 年内没有经过断根处理、没有进行断根移植,起苗后直接用于工程栽植。

地栽苗的特点:相对容器苗,地栽苗省略容器,施肥管理相对简单,包装运输成本低。

①裸根法。裸根法适用于处于休眠状态的落叶乔木、灌木,起苗时应该多保留根系,留些宿土,如掘出后不能及时运走,要埋土假植,并要求埋根的土壤湿润。灌木的裸根起苗范围可以按苗木高度的 1/3 左右来确定。苗高及冠幅要符合绿化要求。

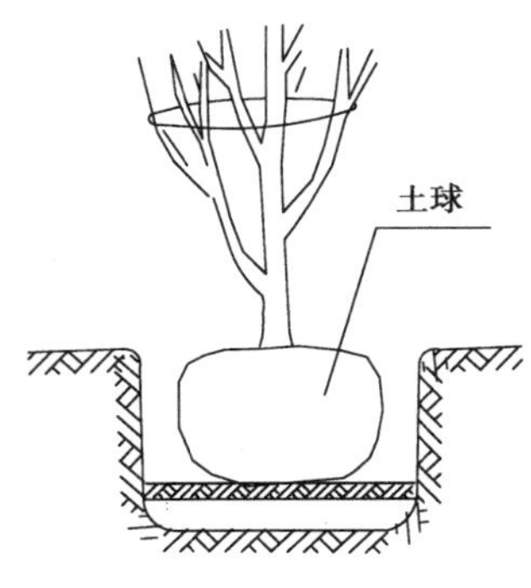

图 3.1　带土球法

②带土球法。将苗木的根系带土削成球状,经包装后起出,成为“带土球法”(图 3.1)。此法较费工时,适用于常绿树、名贵树和较大的灌木。

(2) 假植苗

假植苗指经过断根处理或者断根移植过的苗木。

假植是为了提高苗木移栽的成活率,大乔木如桂花、香樟栽培过程中都要求假植,假植可以及时地砍断过大移植过程中无法保留的树根,使苗木生长更多的短小须根,确保在以后的移栽过程中苗木有足以成活的树根。假植苗木移植成活率高,缓苗期短,对养护要求较低。

(3) 容器苗

苗木生产从繁殖、培育直到成株或利用的过程在容器内进行,即为容器苗木。其容器类型分为繁殖容器(块盆、管盆、育苗袋、框箱等)及移植容器(苗木钵盆、植栽桶、栽植袋等)。以苗木来源可分为:

①实生容器苗,指采用人工播种或扦插繁殖,随着苗木生长不断更换大小容器,或是直接栽入大型容器内成长而成的树木。

②假植容器苗,原落地栽培到某一阶段的大苗、大树,经断根后移入容器继续培育的树木。

3.1.2　栽植花木

1) 苗木种类

花木即“花卉苗木”的简称,又称观花树木或花树,泛指能够开花的乔灌木,包括藤本植物等。树木的分类方法有很多种,按树木生长类型可分为乔木、灌木、藤本类、匍匐类。为方便定额使用,将苗木大致分为以下种类:乔木、灌木、棕榈科植物、竹类植物、水生植物、攀缘植物、花卉、草坪等。

(1) 乔木

乔木是指有明显主干,各级侧枝区别较大,分枝离地面较高的树木。或者指直立主干、高度一般在 3 m 以上的木本植物。小乔木 3~8 m,中乔木 8~15 m,大乔木 15 m 以上(图 3.2)。

（a）扁桃　　（b）梧桐

图 3.2　乔木

常绿类：扁桃、芒果、桂花、人面子、樟树等。

落叶类：梧桐、银杏、垂柳、玉兰、水杉等。

乔木是园林中的骨干树种，无论在功能上还是艺术处理上都能起主导作用，诸如界定空间、提供绿荫、防止眩光、调节气候等。其中多数乔木在色彩、线条、质地和树形方面随叶片的生长与凋落可形成丰富的季节性变化，即使冬季落叶后也能展现出枝干的线条美。大量观赏型乔木树种的种植，应达到三季有花。特别强调的是在植物的选配上采用慢生树与快生树相结合的方式，既使其能快速成景，又能保证长期的观赏价值。

(2)灌木

灌木是指无明显主干，分枝离地面较近、较密的木本树木(图 3.3)。

（a）朱槿　　（b）南天竹

（c）月季　　（d）杜鹃

图 3.3　灌木

灌木一般可分为观花、观果、观枝干等几类，一般为阔叶植物，也有一些针叶植物是灌木，如刺柏。

观花：朱槿、杜鹃、牡丹、月季、茉莉等。

观果：南天竹、十大功劳、小叶女贞等。

观叶：南天竹、变叶木、鹅掌柴、海桐等。

观枝干：红瑞木、棣棠、连翘等。

灌木在园林景观造景中的应用，不仅可以改善社区居民的生活环境，为社区居民提供休闲、文娱活动的场所，还可为居民提供创造游览观赏的艺术空间，给人们以现实生活美的享受，是自然风景的再现和空间艺术的展示。

(3)棕榈科植物

棕榈科又称槟榔科，棕榈目只有这一科。该科植物一般都是单干直立，少部分丛生，不分枝，叶大，集中在树干顶部，多为掌状分裂或羽状复叶的大叶，一般为乔木，也有少数是灌木或藤本植物，花小，通常为淡黄绿色（图3.4）。常见的有大王椰、蒲葵、加拿利海枣、金山葵、三角椰、丛生鱼尾葵、散尾葵、三药槟榔等。

(a)大王椰

(b)蒲葵

图3.4　棕榈科植物

棕榈植物可以进行成片种植形成棕榈岛或者棕榈园区，或者栽植于园林中的山、石、门窗等景观旁边加以点缀。一般情况下，在园林中的开阔地带，选择适宜生长的棕榈科种类，如大王椰、海枣、蒲葵、假槟榔及短穗鱼尾葵等，种植成片形成具有热带绮丽风光特色的棕榈岛或者棕榈园区，种植时，既可以单种群植，也可以多种混植。在园林的山石、景墙、水旁以及门窗的前后，可以栽植少量的棕榈植物，如棕竹、美丽针葵、散尾葵等对原有景观加以点缀，这些棕榈植物都较为低矮，茎干秀丽，不仅与原来的景观协调、匹配，还能增添景观的活力与生机。

(4)竹类植物

竹，禾本科多年生木质化植物，是重要的造园材料，是构成中国园林的重要元素。

竹的种类很多，一般分为散生竹和丛生竹，大多可供庭院观赏。

①散生竹：地下茎具横走的竹鞭，节上生芽生根或具瘤状突起。芽可发芽成竹秆，也可形成新竹鞭。竹竿在地面呈散生状，株间有一定间距，称为散生竹，如方竹、金镶玉竹、粉单竹、黄金间碧玉竹、红竹、紫竹、斑竹（湘妃竹）、罗汉竹（人面竹）、金明竹、佛肚竹、水竹、淡

竹、龟甲竹等。

②丛生竹:地下茎形成多节的假鞭,节上无芽无根,由顶芽出土成秆,竹竿在地面呈密集丛状,如孝顺竹、小琴丝竹、银丝竹、凤尾竹、梁山慈竹、麻竹、绿竹等。

丛生竹和散生竹的不同在于没有横行地下的竹鞭,而是靠竹竿基部两侧的芽萌发成竹笋,长出新竿。

竹类植物生性强健,枝繁叶茂,翠竹青青,千姿百态、集形态美、色彩美、风格美于一身,极具观赏性。在园林建设中应用广泛,以竹造园,竹因园而茂,园因竹而彰;以竹造景,竹因景而活,园因竹而显(图 3.5)。

(a)黄金间碧玉竹　　(b)佛肚竹

图 3.5　竹类植物

(5)水生植物

能在水中生长的植物统称为水生植物,包括所有沼生、沉水或漂浮的植物。

根据水生植物的生活方式,一般将其分为以下几大类:挺水植物、浮叶植物、沉水植物和漂浮植物以及挺水草本植物。

挺水植物:荷花[图 3.6(a)]、芦苇、香蒲、水葱、芦竹、水竹、菖蒲、蒲苇等。

浮水植物:睡莲、凤眼莲、浮萍、萍蓬草、慈姑、菱角、芡实、小浮莲等。

沉水植物:金鱼藻、狐尾藻、眼子菜、刺藻、狸藻等,主要是水草类。

挺水草本植物:美人蕉、梭鱼草、千屈菜、再力花[图 3.6(b)]、水生鸢尾、红蓼、狼尾草、蒲草等,适于水边生长的植物。

水生植物不仅能丰富园林的景观效果,还能创造园林意境和净化水体。

(a)荷花　　(b)再力花

图 3.6　水生植物

(6)攀缘植物

攀缘植物通俗地说，就是能抓着东西就攀爬的植物。在植物分类学中，并没有攀缘植物这一门类，这个称谓是人们对具有类似爬山虎这样生长形态植物的形象叫法，生活中就有不少攀缘植物，如紫藤、炮仗花、牵牛花、茑萝、凌霄、常春藤、葡萄等，如图 3.7 所示。

(a)炮仗花　　(b)紫藤

图 3.7　攀缘植物

在园林绿化中使用攀缘植物造景，不仅可以美化建筑、雕塑及其他构筑物，还能拓展园林空间，增加植物景观层次感。在园林造景中充分利用攀缘植物，可以弥补平地绿化的不足之处，有助于恢复生态平衡，创造优美的园林意境，增加城市与园林建筑的艺术效果，从而使其与自然环境和谐统一。

(7)花卉

花卉有广义和狭义两种意义：狭义的花卉是指有观赏价值的草本植物，如凤仙、菊花、一串红、鸡冠花等；广义的花卉除有观赏价值的草本植物外，还包括草本或木本的地被植物、花灌木、开花乔木以及盆景等，如梅花、桃花、木棉、山茶等，如图 3.8 所示。

(a)桃花　　(b)一串红

图 3.8　花卉植物

草本花卉，指具有草质茎的花卉。花卉的茎，木质部不发达，支持力较弱，称草质茎。草本花卉中，按其生育期长短不同，又可分为一年生(一串红等)、二年生(金鱼草、三色堇等)和多年生(美人蕉、鸢尾等)几种。

木本花卉，指具有木质的花卉。花卉的茎，木质部发达，称木质茎，主要包括乔木(桂花、白兰花等)、灌木(茉莉花、小花紫薇等)、藤本(金银花、珊瑚藤等)3 种类型。

花卉在园林中的应用形式主要有花丛、花带、花台、花坛、花境、花卉立体应用和专类园等。特点是观赏效果极佳，且具有较高的环境效益。

(8)草坪

草坪即平坦的草地，今多指园林中用人工铺植草皮或播种草籽培养形成的整片绿色地面，也广泛用于运动场、水土保持地、铁路、公路、飞机场和工厂等场所。

用于城市和园林中草坪的草本植物主要有马尼拉草、野牛草、牙根草、地毯草、钝叶草、假俭草等。一般有草皮铺植(即块状铺植)和喷播植草。

草坪是园林绿地的重要组成部分。如同绘画一样，草坪是画面的底色和基调，而色彩艳丽、轮廓丰富、变化多样的树木、花卉、建筑、小品等，则是主角和主调。如果园林中没有绿色的草坪作为基调，这些树木、花卉、建筑、小品将由于缺乏底色的对比与衬托，得不到统一的美感，就会显得杂乱无章，景观效果明显下降。

2)苗木相关名词

①胸径：地表向上 1.3 m 高处树干直径。

②冠径：又称冠幅，苗木冠丛垂直投影的最大直径和最小直径之间的平均值。

③蓬径：灌木、灌丛垂直投影面的直径。

④地径：地表向上 0.1 m 高处树干直径。

⑤干径：地表向上 0.3 m 高处树干直径。

⑥株高：地表面至树顶端的高度。

苗木相关名词具体如图 3.9—图 3.11 所示。

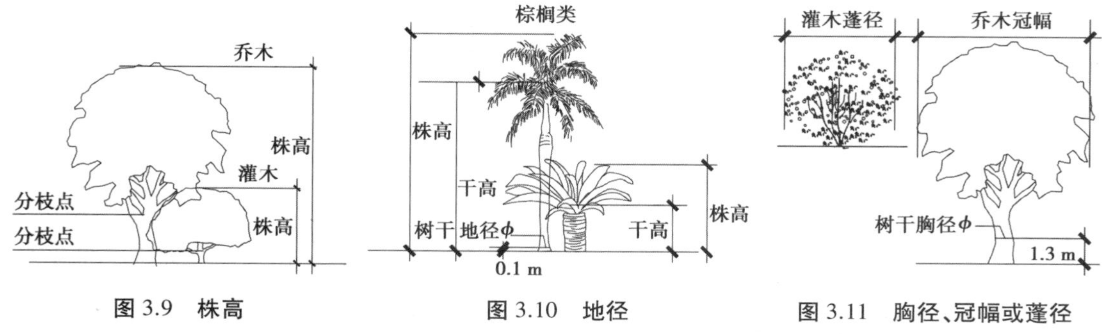

图 3.9　株高　　图 3.10　地径　　图 3.11　胸径、冠幅或蓬径

⑦花境：栽植在树丛、绿篱、栏杆、绿地边缘、道路两旁及建筑物前，以带状自然式栽种，如图 3.12 所示。

图 3.12　花境

⑧花坛：利用花卉植物不同形体和丰富艳丽的色彩，将它们栽植在一定几何形轮廓的畦地上，并形成一定的图案。

⑨一般图案花坛：表现规则式简单几何线条色块图案，如一般文字花坛。

⑩彩纹图案花坛：通常以低矮观叶（或花叶兼美的植物材料组成）种植成精致复杂的图案纹样，植物本身的个体或群体美居于次位，如肖像、日冕、时钟等形式的花坛（图3.13）。

图3.13　彩纹图案花坛

⑪立体造型花坛：以枝叶细密、耐修剪的植物为主，种植于有一定结构的造型骨架上，从而形成的造型立体装饰，如卡通形象、花篮或建筑等（图3.14）。

图3.14　立体造型花坛

3）苗木成活期养护

苗木成活期养护指的是植物栽植后，为使其成活所发生的浇水、施肥、防治病虫害、修剪、除草及维护管理费用等。

（1）水分管理

新栽苗木的水分管理是成活期养护管理的最重要内容。根据各类园林苗木的生态学特性，通过多种技术措施和管理手段来满足苗木对水分的合理需求，保障水分的有效供给，使园林苗木能够健康生长。

①土壤水分管理。苗木定植后10天内必须连续浇灌3次水，以后视情况而定，特别是高温干旱时更需注意抗旱。多雨季节要特别注意防止土壤积水，适当培土，使树盘的土面适当高于周围地面；在干旱季节和夏季，应密切注意灌水，最好能保证土壤含水量达最大持水量的60%左右。

②树冠喷水。对于枝叶修剪量小的名贵大规格苗木，在高温干旱季节，由于根系没有恢复，即使保证土壤的水分供应，也易发生水分亏损。因此，当发现树叶有轻度萎蔫征兆时，有必要通过树冠喷水来增加冠内空气湿度，从而降低温度，减少蒸腾，促进树体水分平衡。喷水宜采用喷雾器或喷枪，直接向树冠或树冠上部喷射，让水滴落在枝叶上。喷水时间可在上午10时至下午4时，每隔1~2小时喷一次。

(2)施肥

肥料是植物之本。绿地植物固定于同一地点，虽然在植物栽植时一般已施有基肥，但植物生长过程中会不断消耗土壤中的养分，而植物修剪也不断带走营养物质。要使植物枝叶繁密、生长良好，就必须施肥。施肥主要解决3个问题：

①供给苗木生长所必需的养分。

②改良土壤性质，特别是施用有机肥料，可以提高土壤温度，改善土壤结构，使土壤疏松并提高透水、通气和保水性能，有利于植物生长。

③为土壤微生物的繁殖与活动创造有利条件，进而促进肥料分解，改善土壤化学反应，使土壤类合成自然吸收状态，有利于植物生长。

施肥后必须及时适量灌水，使肥料渗透，否则土壤溶液浓度过大对树根不利。

(3)防治病虫害

病虫害防治，应贯彻“预防为主，综合防治”的基本原则。预防为主，就是根据病虫害发生规律，在病虫害发生前予以有效控制。综合防治，就是充分利用抑制病虫害的多种因素，创造不利于病虫害发生危害的条件，有机地采取各种必要的防治措施。通常可采取化学防治、物理及机械防治、生物防治和人工防治等方法防止病虫害蔓延和影响植物生长。

(4)修剪

移栽的苗木，如经过较大强度的修剪，树干或树枝上可能萌发出许多嫩芽和嫩枝，消耗营养，扰乱树形。在苗木萌芽以后，除选留长势较好、位置合适的嫩芽或幼枝外，其余应尽早抹除。

对于发生萎蔫经浇水喷雾仍不能恢复正常的树，应加大修剪强度，甚至去顶或截干，以促进其成活。对需要特殊造型的苗木进行整形修剪，如将树冠修剪成多层式、螺旋式、半圆式等。

整形修剪是绿地养护工作中一项十分重要且技术性较强的工作。根据绿地植物不同的应用目的，进行正确的整形修剪，既可调整树形，使其造型美观，形态逼真，促进开花结果，促进新枝叶的抽生和树木的生长，延缓植物的衰老，还可满足绿地功能要求，发挥园林绿化的美化效果，又可消灭病虫害。

(5)除草、松土

苗木生长一段时期容易出现杂草，杂草生命力一般比苗木强。杂草会消耗大量水分和养分，影响植物的正常生长，同时也是不少植物病虫害寄生的地方，还降低了观赏价值，所以应及时清理。

杂草防除是一项较为繁重的任务，有人工防除和化学防除两种方式。除草要本着“除早、除小、除了”原则，初春杂草生长时就要铲除，但杂草种类繁多，不是一次可除尽的，春夏季要进行 2~3 次，切勿让杂草结籽，否则翌年又会大量滋生。

松土是把土壤表面松动，使之疏松透气，达到保水、透水、增温的目的。可结合松土进行除草，每隔 20~30 天松土除草一次，经常性的松土有利于植物生长。

4) 绿化施工工艺

(1) 地形整理

地形整理是指对地形进行适当松翻、去除杂物碎土、找平、整平、填压土壤，不得有低洼积水。

地形整理前应对施工场地作全面的了解，尤其是地下管线要根据实际情况加以保护或迁移，并全部清除地面上的灰渣、砂石、砖石、碎木、建筑垃圾、杂草、树根及盐渍土、油污土等不适合植物生长的土壤，换上或加填种植土，并最终达到设计标高(图 3.15)。

图 3.15　地形整理

(2) 地形营造

植物种植之前必须完成地形基本形态的构筑，并获得设计单位认可；所有乔灌木种植完成后，需对地形进行再一次的平整处理，满足一定的平整要求后，才可进行底层地被及草坪的铺种。地形构筑步骤及技术要点如图 3.16 所示。

(3) 苗木种植

施工单位须严格按照设计规格及备注要求选苗，乔灌应以苗木的整体形态作为选苗首选标准，乔灌木高度应不小于规格范围内的最小值，乔木分枝点高度误差在 50 cm 以内，灌木分枝点高度误差在 30 cm 以内，且都不可以高过设计要求的最高值，在保证苗木移植成活和满足交通运输要求的前提下，应尽量保留苗木的原有冠幅，以利于绿化效果尽快体现。地被应以苗木的高度作为选苗首选标准，地被的冠幅达不到设计要求时应按照株距要求增加种植密度。主景大树及精品苗木需建设方、设计方、施工方三方一起定苗确认方可入场种植。

所有苗木必须健康、无病虫害、无缺乏矿物质症状，生长旺盛而不老化，树皮无人为损伤或虫眼等。种植乔灌时，应根据人的最佳观赏点及乔灌木本身的阴阳面来调整乔灌的种植面。将乔灌木的最佳观赏面正对人的最佳观赏视线，同时尽量使乔木种植后的阴阳面与乔木本身的阴阳面保持吻合，以利植物尽快恢复生长。

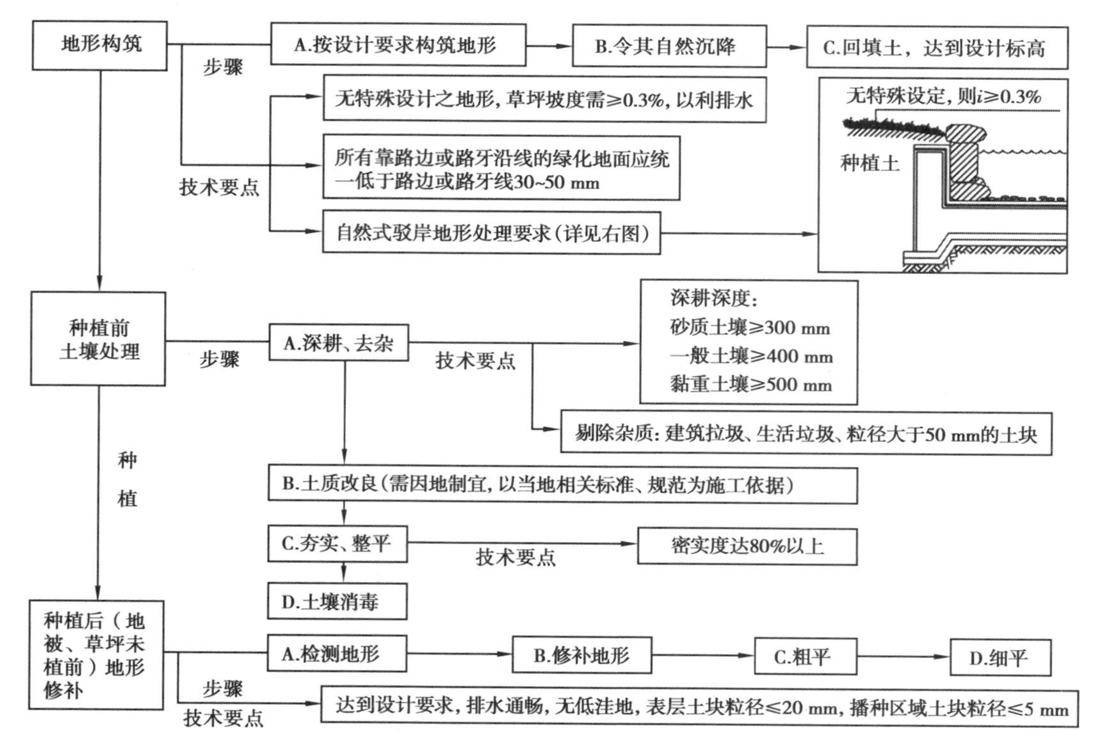

图 3.16　地形构筑步骤及技术

(4)苗木支撑与绕干

为了使种植好的苗木不因土壤沉降或风力的影响而发生歪斜，施工单位需对刚完成种植尚未浇定根水的苗木进行支撑处理，不同类型的苗木可采用不同的支撑手法。支撑物的支柱应埋入土中不少于 30 cm，支撑物、牵拉物与地面连接点的连接应牢固。针叶常绿树的支撑高度应不低于树木主干的 2/3，落叶树支撑高度为树木主干高度的 1/2。

胸径在 5 cm 以上的树木定植后一般应立支架固定，特别是在栽植季节有大风的地区，以防冠动根摇影响根系恢复生长，但要注意支架不能打在土球或骨干根上。可以用毛竹、木棍、钢管或混凝土作为支撑材料，常用的支撑形式有铁丝吊桩、短单桩、长单桩、三脚桩、四脚桩等，如图 3.17 所示。

支撑形式	晾衣架支撑	单干形支撑	门字形支撑	八字形支撑	三角形支撑	钢缆软支撑
材质	竹、圆木、钢管	竹、圆木、钢管	竹、圆木、钢管	圆木、钢管	圆木、钢管	钢缆
支撑脚数量	双脚或四脚	单脚	双脚或四脚	三脚或四脚	双脚或三脚或四脚	三脚及以上

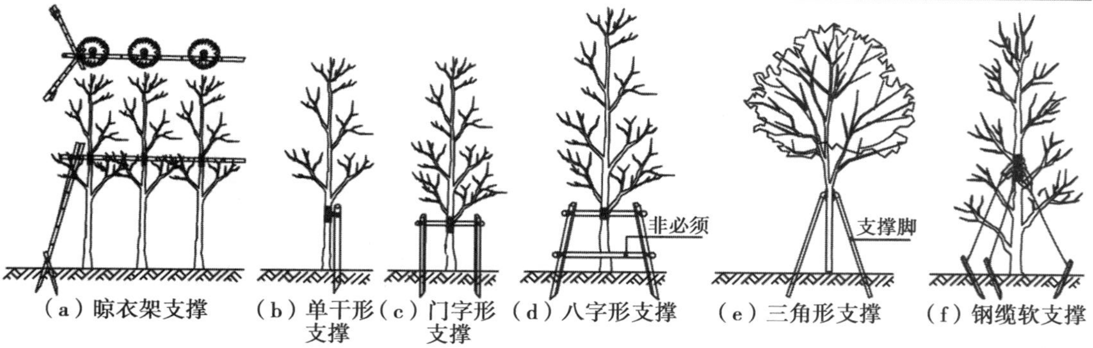

非必须
支撑脚

(a)晾衣架支撑　(b)单干形支撑　(c)门字形支撑　(d)八字形支撑　(e)三角形支撑　(f)钢缆软支撑

图 3.17　苗木支撑

草绳绕树干是指树木栽植后，为防止新种树木因树皮缺水而干死，用草绳将树干缠绕起来，以减少水分从树皮蒸发，同时也能将水喷洒在草绳上以保持树皮的湿润，提高树木的成活率。树木胸径 5 cm 以上的乔木和珍贵树木栽植后，在主干与接近主干的主枝部分，一般应用草绳等绕树干，以保护主干和接近主干的主枝不易受伤和抑制水分蒸发，如图 3.18 所示。

图 3.18　草绳绕树干

(5)养护管理

园林植物栽植后到工程竣工验收前，为施工期间的植物养护时期，应对各种植物精心养护管理。养护内容应根据植物习性和情况及时浇水；结合中耕除草，平整树台；根据植物生长情况应及时追肥、施肥。对树木应加强支撑、绑扎及裹干措施，做好防强风、干热、洪涝、越冬防寒等工作。

3.2　清单项目划分

根据《园林绿化工程工程量计算规范(GB 50858—2013)广西壮族自治区实施细则》将园林绿化工程划分为绿地整理、栽植花木、绿地喷灌等 3 个项目。工程量清单项目设置及工程量计算规则应按表 3.1—表 3.3 的规定执行。

表 3.1　绿地整理(编码:050101)

项目编码	项目名称	项目特征	计量单位	工程量计算规则	工程内容
050101001	砍伐乔木	树干胸径	株	按数量计算	1.砍伐 2.废弃物运输 3.场地清理
050101003	砍挖灌木丛及根	丛高或蓬径	1.株 2.丛	1.以株计量，按数量计算 2.以 m^2 计量，按面积计算	1.砍挖 2.废弃物运输 3.清理场地
050101005	砍挖芦苇(或其他水生植物)根	根盘丛茎	m^2	按面积计算	

续表

项目编码	项目名称	项目特征	计量单位	工程量计算规则	工程内容
050101006	清除草皮	草皮种类	m^2	按面积计算	1.除草 2.废弃物运输 3.场地清理
050101007	清除地被植物	植物种类	m^2		1.清除植物 2.废弃物运输 3.场地清理
050101008	屋面清理	1.屋面做法 2.屋面高度	m^2	按设计图示尺寸以面积计算	1.原屋面清扫 2.废弃物运输 3.场地清理
050101009	种植土回(换)填	1.回填土质要求 2.取土运距 3.回填厚度 4.弃土运距	1.m^3 2.株	1.以 m^3 计量,按设计图示回填面积乘以回填厚度以体积计算 2.以株计量,按设计图示数量计算	1.土方挖、运 2.回填 3.找平、找坡 4.废弃物运输
桂 050101013	伐树、伐树根、树兜(含乔木、单干棕榈植物)	树干地径	株	按数量计算	1.砍伐、挖树根 2.废弃物运输 3.场地清理
桂 050101014	砍挖孤植灌木、花卉	树干地径或蓬径	株	按数量计算	1.砍伐 2.废弃物运输 3.场地清理
桂 050101015	砍挖竹及根	1.砍挖面积(或数量) 2.根盘直径		按需挖除的竹根体积计算	1.砍竹、挖竹根 2.废弃物运输 3.清理场地
桂 050101016	苗木起挖	1.苗木种类 2.苗木规格 3.土球直径	1.株 2.丛 3.m^2	1.以株计量,按设计图示数量计算 2.以株丛计量,按设计图示数量计算 3.按设计图示尺寸以面积计算	1.修剪 2.起苗 3.包扎土球 4.原土回填树坑 5.场地清理 6.清运树枝
桂 050101017	苗木迁移运输	1.土球直径 2.运距	1.株 2.丛 3.m^2	1.以株计量,按设计图示数量计算 2.以株丛计量,按设计图示数量计算 3.按设计图示尺寸以面积计算	1.装车 2.绑扎固定 3.运输 4.卸车 5.按指定地点堆放

续表

项目编码	项目名称	项目特征	计量单位	工程量计算规则	工程内容
桂 050101018	整理绿化用地	找平找坡要求	m^2	按设计图示尺寸以面积计算	1.排地表水 2.土方挖、运 3.耙细、过筛 4.回填 5.找平、找坡 6.拍实
桂 050101019	绿地起坡造型	土方造型平均高度	m^3	按设计图示面积乘以平均高度以体积计算	1.场内装、运、卸土 2.修理地形 3.工作面内排水
桂 050101020	屋顶花园基底处理	1.排水层厚度、材质 2.过滤层厚度、材质 3.阻根层厚度、材质、做法	m^2	按设计图示尺寸以投影面积计算	1.排水层铺设、安装 2.过滤层铺设 3.阻根层铺设、安装 4.物料回填平整
桂 050101021	软式透水管安装	管径大小	m	按设计图示长度以延长米计算	1.连接 2.固定

表 3.2 栽植花木(编码:050102)

项目编码	项目名称	项目特征	计量单位	工程量计算规则	工程内容
050102001	栽植乔木	1.乔木种类 2.乔木胸径 3.养护期	株	按设计图示数量计算	1.起挖 2.运输 3.栽植 4.养护
050102002	栽植灌木	1.灌木种类 2.冠丛高 3.养护期	株	按设计图示数量计算	1.起挖 2.运输 3.栽植 4.养护
050102003	栽植竹类	1.竹种类 2.竹胸径 3.养护期	株/株丛	按设计图示数量计算	1.起挖 2.运输 3.栽植 4.养护
050102004	栽植棕榈类	1.棕榈种类 2.株高 3.养护期	株	按设计图示数量计算	1.起挖 2.运输 3.栽植 4.养护

续表

项目编码	项目名称	项目特征	计量单位	工程量计算规则	工程内容
050102006	栽植攀缘植物	1.植物种类 2.养护期	株	按设计图示数量计算	1.起挖 2.运输 3.栽植 4.养护
050102009	栽植水生植物	1.植物种类 2.养护期	丛	按设计图示数量计算	1.起挖 2.运输 3.栽植 4.养护
050102010	垂直墙体绿化种植	1.植物种类 2.生长年数或地(干)径 3.养护期	m^2	按设计图示尺寸以面积计算	1.起挖 2.运输 3.栽植 4.养护
050102011	花卉立体布置	1.草本花卉种类 2.高度或蓬径 3.单位面积株数 4.种植形式 5.养护期	1.单体 2.处 3.m^2	1.以单体(处)计量,按设计图示尺寸以数量计算 2.以 m^2 计量,按设计图示尺寸以面积计算	1.起挖 2.运输 3.栽植 4.养护
050102012	铺种草皮	1.草皮种类 2.铺种方式 3.养护期	m^2	按设计图示尺寸以面积计算	1.起挖 2.运输 3.栽植 4.养护
050102013	喷播植草(灌木)籽	1.草籽(灌木)种类 2.养护期	m^2	按设计图示尺寸以面积计算	1.坡地细整 2.阴坡 3.草籽(灌木)喷播 4.覆盖 5.养护
050102015	挂网	1.种类 2.规格	m^2	按设计图示尺寸以挂网投影面积计算	1.制作 2.运输 3.安放
050102016	箱/钵栽植	1.箱/钵体材料品种 2.箱/钵外形尺寸 3.栽植植物种类、规格 4.土质要求 5.防护材料种类 6.养护期	个	按设计图示箱/钵数量计算	1.制作 2.运输 3.安放 4.栽植 5.养护

续表

项目编码	项目名称	项目特征	计量单位	工程量计算规则	工程内容
桂 050102017	栽植片植灌木（含花卉、地被植物）	1.种类 2.冠丛高 3.蓬径 4.单位面积株数 5.养护期	m^2	按设计图示尺寸以绿化实铺面积计算	1.栽植 2.养护
桂 050102018	植草砖（格）植草	1.草坪种类 2.养护期	m^2	按设计图示尺寸[含植草砖（格）及草坪]以实铺面积计算	1.翻土整地 2.清除杂物 3.搬运草皮 4.铺种草皮 5.压平、浇水、清理
桂 050102019	人工播植草坪	1.草籽种类 2.养护期	m^2	按设计图示尺寸以实铺面积计算	1.翻土整地 2.清除杂物 3.播种 4.浇水 5.盖塑料薄膜
桂 050102020	盆花摆放	1.花卉种类 2.高度或蓬径 3.单位面积盆数 4.摆放形式 5.运输距离 6.养护期1个月	盆	按设计图示尺寸以数量计算	1.运输 2.搬运 3.放线 4.摆放 5.清理场地 6.回收
桂 050102021	架空花槽	1.植物种类、规格 2.养护期 3.安装部位	m	按设计图示尺寸以长度计算	1.栽植 2.养护
桂 050102022	短期假植	1.苗木种类 2.苗木规格	株	按数量计算	1.挖沟排苗 2.回土浇水 3.覆土保墒 4.管理

表 3.3　绿地喷灌（编码:050103）

项目编码	项目名称	项目特征	计量单位	工程量计算规则	工程内容
050103001	喷灌管线安装	1.管道品种、规格 2.管件品种、规格 3.管道固定方式 4.防护材料种类 5.油漆品种、刷漆遍数	m	按设计图示管道中心线长度以延长米计算，不扣除检查（阀门）井、阀门、管件及附件所占的长度	1.管道铺设 2.管道固筑 3.水压试验 4.刷防护材料、油漆

续表

项目编码	项目名称	项目特征	计量单位	工程量计算规则	工程内容
050103002	喷灌配件安装	1.管道附件、阀门、喷头品种、规格 2.管道附件、阀门喷头固定方式 3.防护材料种类 4.油漆品种、刷漆遍数	个	按设计图示数量计算	1.管道附件、阀门、喷头安装 2.水压试验 3.刷防护材料、油漆

3.3 定额项目划分

《广西壮族自治区园林绿化及仿古建筑工程消耗量定额 第一册 园林绿化工程》将绿化种植工程按工程内容划分为绿地整理、苗木起挖、苗木迁移与运输、苗木栽植、苗木假植、苗木成活期养护和技术措施等7个部分，各部分又按工作内容划分子项，其分类见表3.4所示。

表3.4 定额项目分类表

内容	大节	小节	包含的主要项目
绿地整理	树木砍挖	人工砍挖灌木林	人工砍挖灌木林 灌丛高在2.5 m以下 疏或密
		人工	人工 除草、割草或人工 挖竹根、树蔸
		无障碍条件下砍树(乔木)	无障碍条件下砍树(乔木) 离地面10 cm处树干直径 10~65 cm以外
		有障碍条件下砍树(乔木)	有障碍条件下砍树(乔木) 离地面10 cm处树干直径 10~65 cm以外
	绿地平整	绿地整理	绿地整理
	土方造型	土方造型 高差在50 cm以下	土方造型 高差在50 cm以下 人工或人机配合
		高差每增高20 cm	高差每增高20 cm 人工或人机配合
	屋顶花园基地处理	滤水层	滤水层 回填天然砂卵石、陶粒和轻质土壤
		土工布过滤层	土工布过滤层
		排水阻隔板	排水阻隔板
		软式透水管安装	软式透水管安装(管径50~200 mm)
苗木起挖	起挖乔木	起挖乔木(带土球)	起挖乔木(带土球) 土球直径(40~280 cm以内)
		起挖乔木(裸根)	起挖乔木(裸根) 胸径(2~50 cm以内)
		大树起挖(裸根)	大树起挖(裸根) 胸径(60~100 cm以内)

续表

内容	大节	小节	包含的主要项目
苗木起挖	起挖棕榈科植物	起挖棕榈科植物(带土球)	起挖棕榈科植物(带土球) 土球直径(40～200 cm以内)
	起挖灌木	起挖灌木(带土球)	起挖灌木(带土球) 土球直径(20～100 cm 以内)
		起挖灌木(裸根)	起挖灌木(裸根) 冠丛高(100～250 cm 以下)
		起挖片植灌木	起挖片植灌木 种植密度(25 株/m^2 以内或以外)
	起挖竹类	起挖散生竹	起挖散生竹 胸径(2～10 cm 以内)
		起挖丛生竹	起挖丛生竹 根盘丛径(30～140 cm 以内)
	起挖草皮	起挖草皮	起挖草皮
苗木迁移与运输	乔灌木	乔灌木迁移运输	乔灌木迁移运输 土球直径(20～280 cm 以内) 运输 5 km 以内
		乔灌木迁移运输 每增加1 km以内	乔灌木迁移运输 土球直径(20～280 cm 以内) 每增加 1 km 以内
	棕榈科	迁移运输棕榈科(带土球)	迁移运输棕榈科(带土球)土球直径(40～200 cm以内)运输 5 km 以内
		迁移运输棕榈科(带土球) 每增加 1 km 以内	迁移运输棕榈科(带土球) 土球直径(40～200 cm以内) 每增加 1 km 以内
	草皮	苗木迁移运输 草皮 运输 5 km以内	苗木迁移运输 草皮 运输 5 km 以内
		苗木迁移运输 草皮 每增加 1 km 以内	苗木迁移运输 草皮 每增加 1 km 以内
苗木栽植	栽植乔木	栽植乔木(带土球)	栽植乔木(带土球) 土球直径(20～320 cm 以内)
		栽植乔木(裸根)	栽植乔木(裸根) 胸径(2～100 cm 以内)
	栽植棕榈科植物	栽植单干棕榈(带土球)	栽植单干棕榈(带土球) 土球直径(40～200 cm 以内)
		栽植丛生棕榈(带土球)	栽植丛生棕榈(带土球) 土球直径(40～140 cm 以内)
	栽植灌木	栽植灌木(带土球)	栽植灌木(带土球)土球直径(20～140 cm 以内)
		栽植灌木(裸根)	栽植灌木(裸根) 冠丛高度在(100～250 cm 以内)
		成片栽植灌木 袋装苗	成片栽植灌木 袋装苗(土球 10 cm 以内) 种植密度(9～49 株/m^2 以内)
	栽植竹类	栽植竹类(散生竹)	栽植竹类(散生竹) 胸径(2～6 cm 以内)
		栽植竹类(丛生竹)	栽植竹类(丛生竹) 根盘丛径(30～140 cm 以内)

续表

内容	大节	小节	包含的主要项目
苗木栽植	栽植水生植物	栽植水生植物(原土种植)	栽植水生植物(原土种植) 土球直径(15~40 cm以内)
		栽植水生植物(水下花盆种植)	栽植水生植物(水下花盆种植) 土球直径(30~80 cm以内)
	栽植攀缘植物	栽植攀缘植物	栽植攀缘植物 地径(2~5 cm以内)
	栽植花卉、盆花摆放	露地花卉栽植 栽植花境	露地花卉栽植 栽植花境 草本花和球、块根类
		露地花卉栽植 一般图案花坛	露地花卉栽植 一般图案花坛 种植密度(25、49和64株/m^2以内)
		露地花卉栽植 彩纹图案花坛	露地花卉栽植 彩纹图案花坛 种植密度(25、49和64株/m^2以内)
		露地花卉栽植 立体图案花坛	露地花卉栽植 立体图案花坛 种植密度(25、49和64株/m^2以内)
		盆花摆放	盆花摆放 一般图案摆花或花钵、花箱、花球类摆花 运距5 km以内、运盆花运距每增1 km
	栽植草坪、喷播植草	草坪	满铺草皮、植草砖植草、坪 植草砖植草和人工播植
		喷播植草	喷播植草 坡度1:1以内 坡长8~12 m,或喷播植草 坡度1:1以上 坡长8~12 m
		挂网喷播植草	挂网喷播植草 坡度1:1以内 坡长8~12 m或挂网喷播植草 坡度1:1以上 坡长8~12 m
	人工换种植土	人工换种植肥土 种植土	人工换种植肥土 种植土
		人工换种植肥土 基肥	人工换种植肥土 基肥
苗木假植	假植乔木	假植乔木(裸根)	假植乔木(裸根) 胸径(4~12 cm以内)
	假植灌木	假植灌木(裸根)	假植灌木(裸根) 冠丛高(100~250 cm以下)
苗木成活期养护	乔木养护	乔木	乔木 胸径(5~100 cm以内)
	棕榈科植物养护	单杆棕榈	单杆棕榈 地径(25~80 cm以内)
		丛生棕榈	丛生棕榈 株高(200~300 cm以上)
	灌木养护	片植灌木	片植灌木 高度(40~200 cm以上)
		孤植灌木	孤植灌木 冠丛高(50~250 cm以上)
		球形灌木(整形灌木)	球形灌木(整形灌木) 冠幅(100~350 cm以上)
	竹类养护	散生竹	散生竹 胸径(2~10 cm以内)
		丛生竹	丛生竹根 盘丛径(50~160 cm以内)
	水生植物养护	水下原土种植	水下原土种植 土球直径(20或40 cm以内)
		水下花盆种植	水下花盆种植 土球直径(50或80 cm以内)

续表

内容	大节	小节	包含的主要项目
苗木成活期养护	攀缘植物养护	攀缘植物	攀缘植物 地径(3 cm 以内或以上)
	花卉养护	宿根花卉	宿根花卉
		木本花卉	木本花卉
		草本花卉	草本花卉
	地被植物养护	地被植物	地被植物
	草坪养护	草坪 满铺	草坪 满铺
		草坪 镶草砖(植草格)	草坪 镶草砖(植草格)
		草坪 喷播	草坪 喷播
技术措施	树木支撑	树棍桩	树棍桩 一字桩、长单桩、短单桩、铅丝吊桩、三角桩(短)、三角桩(长)、四角桩(短)、四角桩(长)
		预制混凝土	预制混凝土 长单桩
		毛竹桩	毛竹桩 一字桩、长单桩、短单桩、三角桩(短)、三角桩(长)、四角桩(短)、四角桩(长)
	草绳绕树干	草绳绕树干 胸径(5 cm 以内)	草绳绕树干 胸径(5~100 cm 以内)
	遮阴(防寒)棚搭设	乔木遮阴棚搭设	乔木遮阴棚搭设 高度×冠幅(250 cm×100 cm~500 cm×550 cm 以内)
		灌木遮阴棚搭设	灌木遮阴棚搭设 高度×冠幅(50 cm×50 cm~350 cm×350 cm 以内)
		片植花灌木遮阴棚搭设	片植花灌木遮阴棚搭设
	树身防寒(防旱)	树身防寒(防旱)	树身防寒(防旱) 胸径(5~30 cm 以内)
	树干涂白	树干涂白	树干涂白 胸径(10~30 cm 以内及 30 cm 以上)

3.4 工程量计算规则

3.4.1 绿地整理

①绿地整理按设计绿地面积以 m^2 计算,土方造型按设计图示尺寸以体积计算。

②砍挖灌木林、除草按设计要求的砍挖面积以 m^2 计算。砍树按设计规定的数量以株计算,挖树兜、挖竹根按挖坑体积(暂估)以 m^3 计算(结算以验收体积为准)。

③屋顶花园基底处理中铺设土工布及排水阻隔板以 m^2 计算,滤水层以 m^3 计算,透水管安装分规格以 m 计算。

3.4.2 苗木起挖、运输、栽植及假植

①乔木、棕榈类、灌木、竹类、水生植物、攀缘植物的起挖、栽植、运输按设计规定的数量以株(丛)为单位计算。

②片植灌木分种植土球规格及种植密度按实铺面积以 m^2 计算。

③露地花卉栽植分种植密度按实铺面积以 m^2 计算。

④满铺草坪按设计以实铺面积以 m^2 计算。

⑤植草砖、植草格植草按设计花格砖、植草格总面积(含砖及草坪面积)以 m^2 计算。

⑥喷播植草分坡度及坡长按斜面积以 m^2 计算。

⑦一般乔、灌木人工换种植肥土,按换土或基肥用量的自然方体积以 m^3 计算。

⑧大面积人工换土,按设计要求的客土面积乘以客土厚度或设计要求的客土用量的自然方体积以 m^3 计算。

3.4.3 苗木成活期养护

①乔木养护按胸径以株计算。

②棕榈科养护分为单杆棕榈和丛生棕榈,单杆棕榈按地径以株计算,丛生棕榈按丛径以丛计算。

③灌木养护分为片植灌木、孤植灌木、球形灌木(整形灌木),孤植灌木按冠丛高以株计算,球形灌木(整形灌木)按冠幅以株计算,成片栽植灌木以 m^2 计算。

④竹类养护分为散生竹、丛生竹,散生竹按胸径以株计算,丛生竹按根盘直径(土球)以丛计算。

⑤水生植物养护分水下原土种植、水下花盆种植以株计算。

⑥攀缘植物养护均按地径以株计算。

⑦花卉养护分草本花卉、木本花卉、宿根花卉,均以 m^2 计算。

⑧地被植物养护以 m^2 计算。

⑨草坪养护分满铺、镶草砖两类。满铺按实际养护面积均以 m^2 计算,镶草砖按设计镶草砖面积以 m^2 计算。

3.4.4 苗木措施项目

①树木支撑根据施工规范区别支撑材料和支撑形式以株计算。

②草绳绕树干分胸径不同,按所绕树干长度以 m 计算。

③遮阴棚分为乔木、灌木、片植花灌木,乔灌木根据苗木高度及冠径以株计算,片植花灌木以 m^2 计算。

④树身防寒分胸径不同,按所绕树干长度以 m 计算。

⑤树身涂白分胸径不同以株计算。

苗木换土相应规格对照表见表 3.5。

表 3.5 苗木换土相应规格对照表

名称	规格		单位	根幅/cm	挖坑(直径×高)/cm	换土量/m³	备注
带土球乔灌木	土球直径在以内/cm	20	株		40×30	0.031	若大面积换填土则按设计换填面积×换填厚度计算
		30	株		50×40	0.057	
		40	株		70×50	0.157	
		50	株		90×60	0.313	
		60	株		100×70	0.431	
		70	株		110×80	0.571	
		80	株		120×90	0.736	
		100	株		140×110	1.143	
		120	株		160×110	1.261	
		140	株		180×120	1.652	
		160	株		210×120	2.064	
		180	株		230×130	2.652	
		200	株		250×140	3.101	
		240	株		300×150	4.955	
		280	株		340×160	6.248	
		320	株		380×170	7.695	
裸根乔木	胸径在以内/cm	4	株	30~40	70×50	0.192	若大面积换填土则按设计换填面积×换填厚度计算
		6	株	40~50	90×70	0.382	
		8	株	50~60	100×80	0.628	
		10	株	70~80	110×90	0.855	
		12	株	80~90	120×90	1.017	
		14	株	100~110	130×90	1.194	
		16	株	120~130	140×90	1.385	
		18	株	130~140	150×90	1.590	
		20	株	140~150	160×100	2.010	
		24	株	160~180	180×120	3.052	
		30	株	220~240	220×160	6.079	
		35	株	250~280	260×180	9.552	
		40	株	280~300	300×200	14.130	
		50	株	320~350	320×220	17.684	
		60	株	330~360	340×240	21.779	
		80	株	350~380	360×260	26.451	
		100	株	360~390	370×270	29.016	

续表

名称	规格		单位	根幅/cm	挖坑(直径×高)/cm	换土量/m^3	备注
裸根灌木	冠丛高在以内/cm	100	株	25~30	40×30	0.038	若大面积换填土则按设计换填面积×换填厚度计算
		150	株	30~40	70×50	0.192	
		200	株	40~50	90×70	0.445	
		250	株	50~60	100×80	0.628	

3.5 定额说明

本章定额包括绿地整理、苗木起挖、苗木迁移运输、苗木栽植、苗木假植、苗木成活期养护及技术措施。

3.5.1 绿地整理

①除行道树外,凡绿化用地土层厚度在 30 cm 以内的挖、填、找平,均应计算绿地平整项目。厚度超过 30 cm 的挖、填土方,按建筑土方工程定额的挖、运、填相应子目计算,不再计算绿地平整项目。

②砍挖灌木林、除草、挖竹根树兜定额中未考虑运输,砍挖后的树根、竹根等应整理干净并就近堆放整齐。如需运至指定地点回收利用,则另行计算运费和回收价值。

3.5.2 苗木起挖和迁移运输

①苗木起挖与苗木迁移运输仅适用于绿地原有绿化植物迁移计价,不适用于生产绿地的苗木起挖和运输。

②苗木起挖的土壤类别在定额中已综合考虑,不作调整。

③苗木起挖的工作内容均包括修剪枝条及清运工作,运距已综合考虑。

④散生竹迁移运输按 40 cm 土球规格套乔灌木迁移运输相应定额子目计算;丛生竹按棕榈科植物迁移运输相应定额子目计算。

3.5.3 苗木栽植和假植

①栽植及假植定额除所列工作内容外,各子目均包括施工准备工作,施工现场 50 m 范围内的苗木水平运输(主要含小树苗的人工搬运,需要机械搬运的树苗,其场内水平运输费不含在定额内,应在苗木工地价中考虑);绿化栽植后施工场地周围 2 m 以内场地清理以及苗木栽植(从淋定根水之日起计)后 10 天以内的种植养护。超出以上范围则另行计算。

②苗木栽植均按一、二类土考虑,若遇三类土定额人工乘以 1.34 系数,四类土定额人工乘以 1.76 系数,冻土定额人工乘以 2.20 系数(土方类别划分见广西建筑工程消耗量定额相应说明)。

③本定额苗木种植按原土还原考虑，如设计要求全部为客土，种植土费用可套用人工换种植土定额子目计算，种植土价格按市场价计入，原土外弃另行考虑。设计规定种植土中需施放基肥（包括掺入砂子、煤渣或木糠等）则按设计规定比例换算基肥用量，套用人工换填基肥定额子目。设计未规定客土量时，可参考定额表3.5规定的换土量计算换填种植土用量，基肥用量则按定额表3.5中的换土量×设计规定的基肥比例计算，即苗木换土量=种植土用量+基肥用量。

④本定额苗木种植成活率按100%考虑，苗木损耗率按表3.5规定计入种植定额苗木材料消耗量内。表3.6损耗系数不适用于发包人供应苗木及大树移植（乔木胸径30 cm以上），此情况的成活率要求及补损责任应另行商定。

表3.6 常用苗木种植成活损耗系数表

类型		损耗系数
		1年
地苗/%	成活率低乔、灌木	12
	一般乔、灌木	8
	棕榈类	8
	竹类	8
	花卉、球、块根类	8
容器苗（乔灌木）/%		3
假植苗（乔灌木）/%		5
小袋苗（花卉、草本、木本）/%		8
草皮/%		5

注：①损耗系数不分季节均按此表计算，已考虑了苗木采购运输损耗、种植损耗及种植养护期间的成活补损。

②本表的补损系数按苗木养护一年考虑，若实际养护在3个月内需乘以系数0.4，6个月内乘以系数0.7，9个月内乘以系数0.9。

③成活率低乔、灌木包括扁桃、香樟、白兰、桂花、落羽杉、人面子、火焰花、红千层、木菠萝、杜英、蝴蝶果、凤凰木、火焰木、龙眼、荔枝、桃花心木、仪花、刺桐、复羽叶栾树、麻楝、胭脂木、铁刀木、董棕、罗汉松、多宝树。

④施工用苗数=栽植苗木理论数量×（1+损耗率）。

⑤带土球苗木需按苗木规格换算苗木土球直径套用相应定额，若设计有规定时应按设计规定，若设计未明确时可对应表3.7计算。

表3.7 苗木规格与土球对应表

苗木	规格（cm或cm以内）	土球规格/cm	备注
一、地苗及假植苗			
胸径	1~2	20	
胸径	2~3	30	
胸径	3~4	40	
胸径	4~6	50	
胸径	6~8	60	

续表

苗木	规格（cm 或 cm 以内）	土球规格/cm	备注
胸径	8～10	70	
胸径	10～12	80	
胸径	12～15	100	
胸径	15～20	120	
胸径	20～25	140	
胸径	25～30	160	
胸径	30～40	180	
胸径	40～50	200	
胸径	50～60	240	
胸径	60～80	280	
胸径	80～100	320	
二、容器苗			
胸径	5～6	40	
胸径	6～8	50	
胸径	8～10	60	
胸径	10～12	70	
胸径	12～15	80	
胸径	15～18	100	
三、单杆棕榈苗			
地径	15	40	
地径	15～20	50	
地径	20～25	60	
地径	25～30	70	
地径	30～40	80	
地径	40～50	100	
地径	50～60	120	
地径	60～70	140	
地径	70～80	160	
地径	80～90	180	
地径	90～100	200	
四、丛生棕榈苗			
株高	100	40	>3 杆/丛
株高	150	50	>3 杆/丛
株高	200	60	>3 杆/丛

续表

苗木	规格(cm 或 cm 以内)	土球规格/cm	备注
株高	250	70	>5 杆/丛
株高	300	80	>5 杆/丛
株高	350	100	>5 杆/丛
株高	400	120	>5 杆/丛
株高	>400	140	>7 杆/丛
五、灌木			
蓬径	40	20	
蓬径	60	30	
蓬径	80	40	
蓬径	100	50	
蓬径	120	60	
蓬径	150	70	
蓬径	180	80	
蓬径	250	100	
蓬径	300	120	
蓬径	350	140	

⑥乔木胸径分叉在 1.3 m 以下时,按离地 50 cm 处胸径计算。特殊树种如鸡蛋花可按离地 10 cm 处胸径计算。

⑦胸径 30 cm 及土球直径 180 cm 以上的大树栽植定额已综合考虑大树栽植所需营养液、观察管、滴液管等措施项目,如实际施工中未使用这些措施,则需扣除相应材料费,其余不变。

⑧在湿地种植苗木时,乔木按套用相应乔木栽植定额人工乘系数 1.6,灌木按套用相应灌木栽植定额人工乘以 1.5 系数。

⑨片植灌木栽植均适用于花灌木及地被植物的栽植。

⑩栽植散生竹类已含支撑费用,不得重复计算。

⑪水生植物栽植分原土种植及水下带盆种植按苗木土球规格套用相应定额子目;水下带盆种植中花盆数量对应苗木数量计算,若苗木价格含花盆时需扣除定额中花盆用量。定额按池塘栽植考虑,若实际需在缸中栽植则另计水缸及水的用量。

⑫采用本定额时,苗木材料的合同价格应为到达工地施工现场指定堆放地点的价格(即苗木工地价,包括苗木出圃、包装、场外运输及采购保管费),不得重复计算苗木起挖、苗木(场外)运输项目。

⑬种植定额苗木浇水按洒水车浇水考虑,若采用人工浇自来水,扣除定额中相应洒水车台班,每立方米用水量增加人工 26.10 元;若采用自动喷淋系统浇水则扣除定额中相应洒水车台班。

⑭在坡度大于 30°的坡地上种植苗木,定额人工乘以 1.10 系数。坡度大于 45°定额人工

乘以 1.3 系数。在坡度大于 30°的坡地种植苗木时,苗木运输按垂直距离每米折合水平运距 10 m 计算;屋顶花园种植苗木,苗木的垂直运输费用可另行计算。

⑮盆花摆放。

A.一般图案摆花为平面上摆放的一万盆内的规则式、流线型摆花。

B.一般图案摆花及花钵、花箱、花球类摆花定额中不含道具、搭板等的材料、制作、安装、运输、回收的费用。

C.特殊图案摆花分为立体或搭板摆花、台阶上摆花和一万盆以上的大型图案摆花,一个景点可有多种形式摆花。

a.立体或搭板摆花及台阶上摆花按垂直高度不同套"一般图案摆花"定额并乘以如下系数:1 m 以内的人工乘以系数 1.1;5 m 以内的人工乘以系数 1.3;5 m 以外的人工乘以系数 1.5。

b.大型图案摆花指 1 万盆以上的图案摆花,套"一般图案摆花"定额并乘以如下系数:1 万~5 万盆的人工乘以系数 1.1;5 万~10 万盆的人工乘以系数 1.3;10 万盆以上的人工乘以系数 1.5。

D.花钵、花箱、花球类摆花高度按 1.5 m 计算,2 m 以内人工乘以系数 1.1;2.5 m 以内的人工乘以系数 1.2;3 m 以内的人工乘以系数 1.3;3.5 m 以内的人工乘以系数 1.4;3.5 m 以上的人工乘以系数 1.5。

E.城镇道路上摆花人工乘以系数 1.1。

F.如需套盆,则套盆材料费另计。

G.盆花价格包括出圃、包装及采购保管费,盆花场外运输按单程考虑。

⑯栽植草坪、喷播植草。

A.植草砖植草面积按 25%考虑,实际嵌草面积不同时,草皮面积可以换算,其余不变。

B.散铺草皮按满铺草皮人工乘系数 0.70,草皮数量按设计用量。

C.人工播植草坪、喷播植草子目已包括肥料用量,不得重复计算。

3.5.4 苗木成活期养护

①本节定额适用于绿化种植工程成活期养护,种植养护期养护费用已在绿化种植工程定额中包括,不得重复计算。

②如遇特殊养护要求(如古树名木、名贵苗木等)应由承发包双方在合同中约定,确定其养护费用。

③本节定额养护时间以年为单位(连续累计 12 个月为一年),不足一年的成活期养护,其定额人工、材料、机械按以下系数:3 个月以内养护期乘以系数 0.5,3~6 个月养护期乘以系数 0.70,6~9 个月养护期乘以系数 0.90,超过一年养护期的执行日常养护定额。

④本定额苗木浇水是按洒水车浇水来考虑的,如采用人工淋水时,按相应定额用水量(水用量-农药用量×0.8)每立方米增加人工费 26.12 元,并扣除洒水车台班。养护用水单价按"建筑工地用水"考虑,如为其他用水,价格需调整。

⑤养护定额中地被植物是指株高 50 cm 以下、低矮、耐修剪、耐阴、耐践踏、植株的匍匐干茎接触地面后,可以生根并且继续生长、覆盖地面的植物,如鸢尾、射干、万年青、菖蒲、酢浆草、草莓、鱼腥草、铜钱草、狼牙蕨、石豆兰、玉竹、美人蕉、鸭趾草、美女樱、文殊兰、蜘蛛兰、朱顶红、大叶莛草、满地黄金、麦冬类、银边草、沿阶草、吉祥草、玉龙草、韭兰、葱兰、绿萝、龟

背竹、天门冬、麒麟尾、一叶兰(蜘蛛抱蛋)、独角莲(野芋)、春羽、红蕉、合果芋、红掌、银后高丝草、香芋、海芋、千年剑、仙羽蔓绿绒、肾蕨、鸟巢蕨、吊兰、白鹤芋、白蝴蝶、绿巨人、金钱树、马鞍藤(厚藤)、花叶良姜、蜀葵、蟛蜞菊、红绿草、蚌花、吊竹梅、竹芋类等。

3.5.5 苗木措施项目

①苗木措施项目包括树木支撑、草绳绕树干、遮阴棚搭设、树身防寒(防旱)、树身涂白。

②遮阴棚如用于防寒、防霜,遮阳网的消耗量可根据实际用量换算,如没有搭设棚架,利用树枝叉做固定的,应扣除竹梢的用量,其他用量不变;如直接用遮阳网套住树冠的,应扣除竹梢的用量,人工及镀锌铁丝的用量减半。

③塑料薄膜材料按树干的单层覆盖考虑,若实际不同,塑料薄膜材料费消耗量可以调整,其他不变。

3.6 工程案例

[**例** 3.1] 某校园绿地由于改建的需要,需将图 3.19 所示绿地上的植物进行挖掘、清除(植物名录见表 3.8),试计算分部分项工程量清单综合单价。

图 3.19 某校园局部绿地示意图

表 3.8 植物名录表

序号	名称	单位	数量	规格
1	芒果	株	6	胸径 20 cm
2	大王椰	株	4	地径 45 cm
3	毛杜鹃	m^2	20	16 株/m^2,高 0.9 m
4	竹林	丛	30	根盘丛茎 0.8 m

[**解**] 砍伐乔木:芒果 6 株,胸径 20 cm(地径>20 cm);大王椰 4 株,地径 45 cm。

清除地被植物:毛杜鹃 20 m^2,高 0.9 m,种植密度 16 株/m^2。

砍挖竹及根:30 丛,根盘丛茎 0.8 m(挖坑深度 1 m 考虑)。

分部分项工程量清单综合单价见表 3.9。

知识点：毛杜鹃种植形式为片植，种植密度16株/m^2，砍挖毛杜鹃按起挖片植灌木定额子目人工乘以0.8系数计算。

表3.9　工程量清单综合单价分析表

工程名称：某校园砍挖苗木工程

序号	项目编码	项目名称及项目特征描述	单位	工程量	综合单价/元	综合单价				
						人工费	材料费	机械费	管理费	利润
分部分项工程										
1	桂050101013	砍伐乔木（芒果）	株	6	151.33	71.43		41.77	24.72	13.41
	D1-6	无障碍条件下砍树（乔木）离地面10 cm处树干直径20~35 cm	10株	0.6	1 513.39	714.32		417.70	247.23	134.14
2	桂050101013	砍伐乔木（大王椰）	株	4	262.41	142.12		54.16	42.87	23.26
	D1-7	无障碍条件下砍树（乔木）离地面10 cm处树干直径35~50 cm	10株	0.4	2 624.11	1 421.24		541.59	428.68	232.60
3	050101007	清除地被植物（毛杜鹃）丛高或蓬径高0.9 m种植密度16株/m^2	m^2	20.00	9.01	6.74			1.47	0.80
	D1-84	起挖片植灌木种植密度（25株/m^2以内）	10 m^2	2.000	90.11	67.40			14.72	7.99
4	桂050101015	砍挖竹及根根盘丛茎0.8 m	丛	30	61.70	46.15			10.08	5.47
	D1-4	人工 挖竹根、树蔸	m^3	15.07	122.84	91.88			20.07	10.89

［**例**3.2］　某园林绿化工程栽植花木如图3.20所示，植物名录见表3.10，试计算分部分项工程量清单综合单价。已知场地土壤类型为二类，要求换土厚度为30 cm，养护期为1年，乔木需要用树棍桩三脚桩支撑。

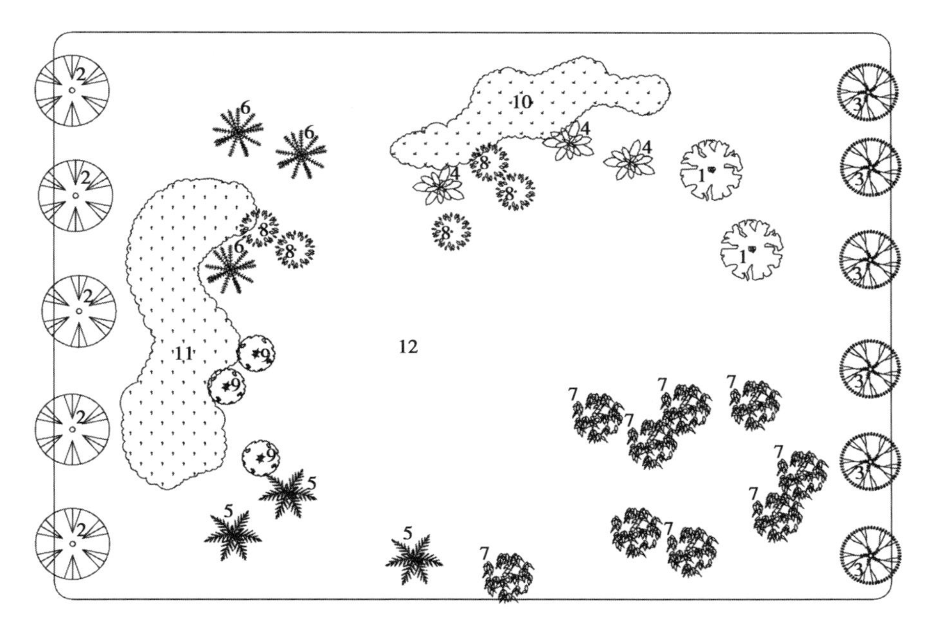

图 3.20　某园林种植绿地示意图

表 3.10　植物名录表

序号	名称	单位	数量	规格/cm			备注
				高度	胸径/地径	冠幅	
1	白兰	株	2	300~400	10	150~200	地苗
2	芒果	株	5	300~400	10	150~200	地苗
3	扁桃	株	6	450~500	11~12	150~200	容器苗
4	鸡蛋花	株	3	150~200	5~6	100~150	容器苗
5	大王椰	株	3	350~400	50~55	200~250	地苗
6	短穗鱼尾葵	丛	3	220~300		100~150	地苗
7	黄金间碧玉	丛	8	300~350			地苗
8	小花紫薇	株	5	150~160		80~100	假植苗
9	红花檵木球	株	3	80~90		70~80	容器苗
10	黄金榕	m^2	200	30~35		15~20	密度 25 株/m^2,小袋苗
11	黄素梅	m^2	260	30~35		15~20	密度 30 株/m^2,小袋苗
12	马尼拉草	m^2	2 500	1~2			块状,满铺

[**解**]　根据清单工程量计算规则:

①栽植乔木:白兰、芒果、扁桃、鸡蛋花;

②栽植棕榈类植物:大王椰、短穗鱼尾葵;

③栽植竹类:黄金间碧玉;

④栽植孤植灌木:小花紫薇、红花檵木球;

⑤栽植片植灌木:黄金榕、黄素梅;

⑥铺种草坪:马尼拉草。

分项分部工程量清单综合单价分析见表3.11。

知识点:①白兰,属于低成率的地苗,补损系数为12%,其他地苗为8%,容器苗为3%、假植苗为5%、小袋苗为5%,草皮为5%。

②片植灌木的工程量(株数)=面积×密度×(1+补损系数8%)。

③整理绿化面积的工程量=所有片植灌木面积相加+草皮面积。

④栽植棕榈类植物注意区分单杆棕榈和丛生棕榈,孤植灌木的养护定额注意区分孤植灌木和球型灌木(整形灌木)的使用。

⑤容器苗(假植苗)的价格大于地苗价格。

表3.11　工程量清单综合单价分析表

工程名称:绿化工程

序号	项目编码	项目名称及项目特征描述	单位	工程量	综合单价/元	综合单价				
						人工费	材料费	机械费	管理费	利润
分部分项工程										
		乔木								
1	050102001001	栽植白兰 白兰 胸径 ϕ10 cm,高度:300~400 cm,地苗 养护期:1年	株	2	555.48	66.98	409.94	41.88	23.78	12.90
	D1-160换	栽植乔木(带土球) 土球直径(70 cm以内)	10株	0.2	4 300.91	333.31	3 576.64	208.44	118.32	64.20
	D1-301	乔木 胸径(10 cm以内)	10株	0.2	714.65	235.56	118.54	210.33	97.38	52.84
	D1-362	树棍桩 三脚桩(长)	10株	0.2	468.21	59.28	388.96		12.95	7.02
	D1-374	草绳绕树干 胸径(10 cm以内)	10 m	0.300	47.35	27.79	10.20		6.07	3.29
2	050102001002	栽植芒果 芒果 胸径 ϕ10 cm,高度:300~400 cm,5株,地苗 养护期:1年	株	5	606.62	66.98	461.08	41.88	23.78	12.90
	D1-160换	栽植乔木(带土球) 土球直径(70 cm以内)	10株	0.5	4 812.33	333.31	4 088.06	208.44	118.32	64.20
	D1-301	乔木 胸径(10 cm以内)	10株	0.5	714.65	235.56	118.54	210.33	97.38	52.84

续表

序号	项目编码	项目名称及项目特征描述	单位	工程量	综合单价/元	综合单价				
						人工费	材料费	机械费	管理费	利润
	D1-362	树棍桩 三脚桩（长）	10 株	0.5	468.21	59.28	388.96		12.95	7.02
	D1-374	草绳绕树干 胸径(10 cm 以内)	10 m	0.750	47.35	27.79	10.20		6.07	3.29
3	050102004001	栽植大王椰 大王椰，地径 50～55 cm，高度：350～400 cm，冠幅 200～250 cm，地苗 养护期:1 年	株	3	2 267.50	159.53	1 926.14	95.80	55.77	30.26
	D1-195 换	栽植单干棕榈（带土球）土球直径(120 cm以内)	10 株	0.3	2 0942.46	1 075.63	18 690.07	609.15	367.96	199.65
	D1-314	单杆棕榈 地径(60 cm 以内)	10 株	0.3	1 264.26	460.38	182.40	348.85	176.74	95.89
	D1-362	树棍桩 三脚桩（长）	10 株	0.3	468.21	59.28	388.96		12.95	7.02
4	050102004002	栽植短穗鱼尾葵，短穗鱼尾葵，高度 220～300 cm，冠幅 100～150 cm，地苗 养护期:1 年	丛	12	335.33	73.33	182.56	40.94	24.96	13.54
	D1-203 换	栽植丛生棕榈（带土球）土球直径(70 cm 以内)	10 株	1.2	2 522.61	360.57	1 726.27	235.09	130.09	70.59
	D1-317	丛生棕榈 株高(300 cm 以内)	10 丛	1.2	830.66	372.72	99.30	174.33	119.48	64.83
5	050102003001	栽植黄金间碧玉 黄金间碧玉，高度 300～350 cm	丛	16	130.12	42.70	61.31	8.77	11.24	6.10
	D1-237 换	栽植竹类（丛生竹）根盘丛径(40 cm 以内)	10 丛	1.6	717.93	122.71	544.44	7.06	28.34	15.38
	D1-340	丛生竹根 盘丛径(50 cm 以内)	10 丛	1.6	583.35	304.33	68.66	80.66	84.08	45.62

续表

序号	项目编码	项目名称及项目特征描述	单位	工程量	综合单价/元	综合单价				
						人工费	材料费	机械费	管理费	利润
		灌木								
6	050102002001	栽植小花紫薇 小花紫薇，高度150~160 cm，冠幅8~100 cm，假植苗 养护期为1年	株	5	222.22	28.11	165.68	14.18	9.24	5.01
	D1-210换	栽植灌木（带土球） 土球直径(40 cm以内)	10株	0.5	1 728.06	102.26	1 579.56	8.82	24.26	13.16
	D1-327	孤植灌木 冠丛高(200 cm以下)	10株	0.5	493.97	178.80	77.17	132.97	68.09	36.94
7	050102002002	栽植红花檵木球 红花檵木球，高度80~90 cm，冠幅70~80 cm，容器苗	株	3	307.77	29.87	250.77	12.77	9.31	5.05
	D1-210换	栽植灌木（带土球） 土球直径(40 cm以内)	10株	0.3	2 588.46	102.26	2 439.96	8.82	24.26	13.16
	D1-330	球型灌木(整形灌木) 冠幅(100 cm以内)	10株	0.3	489.26	196.44	67.69	118.89	68.87	37.37
		片植灌木								
8	桂050102017001	栽植黄金榕 黄金榕，高度30~35 cm，冠幅15~20 cm，密度：25株/m^2，小袋苗 养护期为1年	m^2	200.00	113.77	18.90	78.22	7.69	5.81	3.15
	D1-222换	成片栽植灌木，袋装苗(土球10 cm以内)，种植密度(25株/m^2以内)	10 m^2	20.000	870.51	88.62	739.65	9.26	21.38	11.60
	D1-319	片植灌木 高度(40 cm以下)	10 m^2	20.000	267.30	100.41	42.58	67.68	36.71	19.92

续表

序号	项目编码	项目名称及项目特征描述	单位	工程量	综合单价/元	综合单价				
						人工费	材料费	机械费	管理费	利润
9	桂050102017002	栽植朱槿 朱槿,高度50~60 cm,冠幅40~50 cm,密度9株/m^2,小袋苗 养护期为1年	m^2	220.00	126.33	22.94	85.04	7.94	6.75	3.66
	D1-230换	成片栽植灌木 袋装苗(土球20 cm以内) 种植密度(9株/m^2以内)	10 m^2	22.000	967.07	116.42	799.05	9.26	27.45	14.89
	D1-320	片植灌木 高度(100 cm以下)	10 m^2	22.000	296.16	113.01	51.31	70.14	40.00	21.70
10	桂050102017003	栽植黄素梅 黄素梅,高度30~35 cm,冠幅15~20 cm,密度30株/m^2,小袋苗 养护期为1年	m^2	260.00	115.36	19.97	78.38	7.69	6.04	3.28
	D1-223换	成片栽植灌木 袋装苗(土球10 cm以内) 种植密度(36株/m^2以内)	10 m^2	26.000	886.39	99.29	741.27	9.26	23.71	12.86
	D1-319	片植灌木 高度(40 cm以下)	10 m^2	26.000	267.30	100.41	42.58	67.68	36.71	19.92
11	050102012001	铺种草皮 马尼拉草,高度1~2 cm,满铺 养护期为1年	m^2	500.00	33.62	11.64	10.59	5.59	3.76	2.04
	D1-273换	草坪 满铺草皮	10 m^2	50.000	153.27	25.64	91.87	20.29	10.03	5.44
	D1-354	草坪 满铺	10 m^2	50.000	183.08	90.78	14.07	35.64	27.61	14.98
		绿地整理								
12	桂050101018001	整理绿化用地	m^2	730.00	4.96	3.71			0.81	0.44
	D1-15	绿地整理	10 m^2	73.000	49.53	37.05			8.09	4.39

续表

序号	项目编码	项目名称及项目特征描述	单位	工程量	综合单价/元	综合单价				
						人工费	材料费	机械费	管理费	利润
13	050101009001	种植土回(换)填 厚度 30 cm	m^3	219.00	58.03	20.97	30.00		4.58	2.48
	D1-289 换	人工换种植肥土 种植土	m^3	219.00	58.03	20.97	30.00		4.58	2.48

［**例** 3.3］ 某公园绿化工程需要安装喷灌设施，按照设计要求，需要从供水管接出 DN40 分管，其长度为 65 m，从管至喷头有 4 根 DN25 的支管，长度共计为 90 m，喷头采用旋转喷头 DN50 共 15 个，分管、支管全部采用 UPVC 塑料管，试计算其清单工程量。

［**解**］ ①DN40 管道工程量＝65 m；

②DN25 管道工程量＝90 m；

③DN50 旋转喷头工程量＝15 个。

工程量计算结果见表 3.12。

表 3.12 工程量计算结果

项目编码	项目名称	项目特征描述	计量单位	工程量
031001006001	喷灌管线安装	DN40，UPVC 塑料管	m	65
031001006002	喷灌管线安装	DN25，UPVC 塑料管	m	90
桂 031010001001	喷灌配件安装	DN50，旋转喷头	个	15

思考与练习题

1.某园林绿地如图 3.21 所示，植物名录见表 3.13，试计算绿化工程量、编制工程量清单并计算综合单价。已知场地土壤类型为二类，要求换土厚度为 30 cm，养护期为 1 年，乔木需要用树棍桩三脚桩支撑。

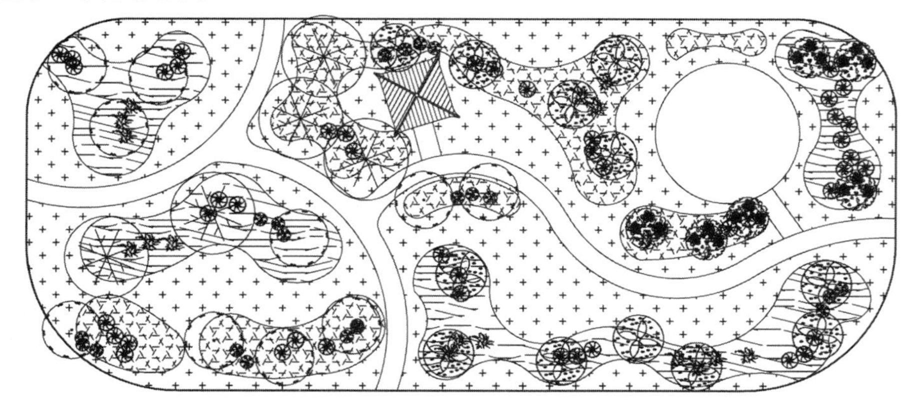

图 3.21 平面图

表 3.13　植物名录表

序号	图例	名称	单位	数量	规格/cm			备注
					高度	胸径/地径	冠幅	
1		小叶榄仁	株	10	500~600	10~12	350~400	假植苗
2		木棉	株	5	600~600	40~45	350~400	容器苗
3		大花紫薇	株	26	350~400	13~15	250~300	假植苗
4		黄槐	株	12	250~300	10~12	200~250	假植苗
5		山茶	株	47	150~160	4~5	120~150	假植苗
6		非洲茉莉	株	21	120~150		120~150	球状
7		红花檵木球	株	18	100~120		100~120	球状
8		鹅掌柴	m^2	550	40~45		35~40	密度 16 株/m^2，小袋苗
9		八角金盘	m^2	150	40~45		35~40	密度 16 株/m^2，小袋苗
10		马尼拉草	m^2	770	1~2			块状，满铺

2.某园林绿地如图 3.22 所示，植物名录见表 3.14，试计算绿化工程量、编制工程量清单并计算综合单价。已知场地土壤类型为二类，要求回填混合种植土（混合种植土以 1 份有机肥，2 份泥炭灰，3 份种植土混合）30 cm 进行改土，养护期为 6 个月，乔木需要用树棍桩四脚桩支撑。

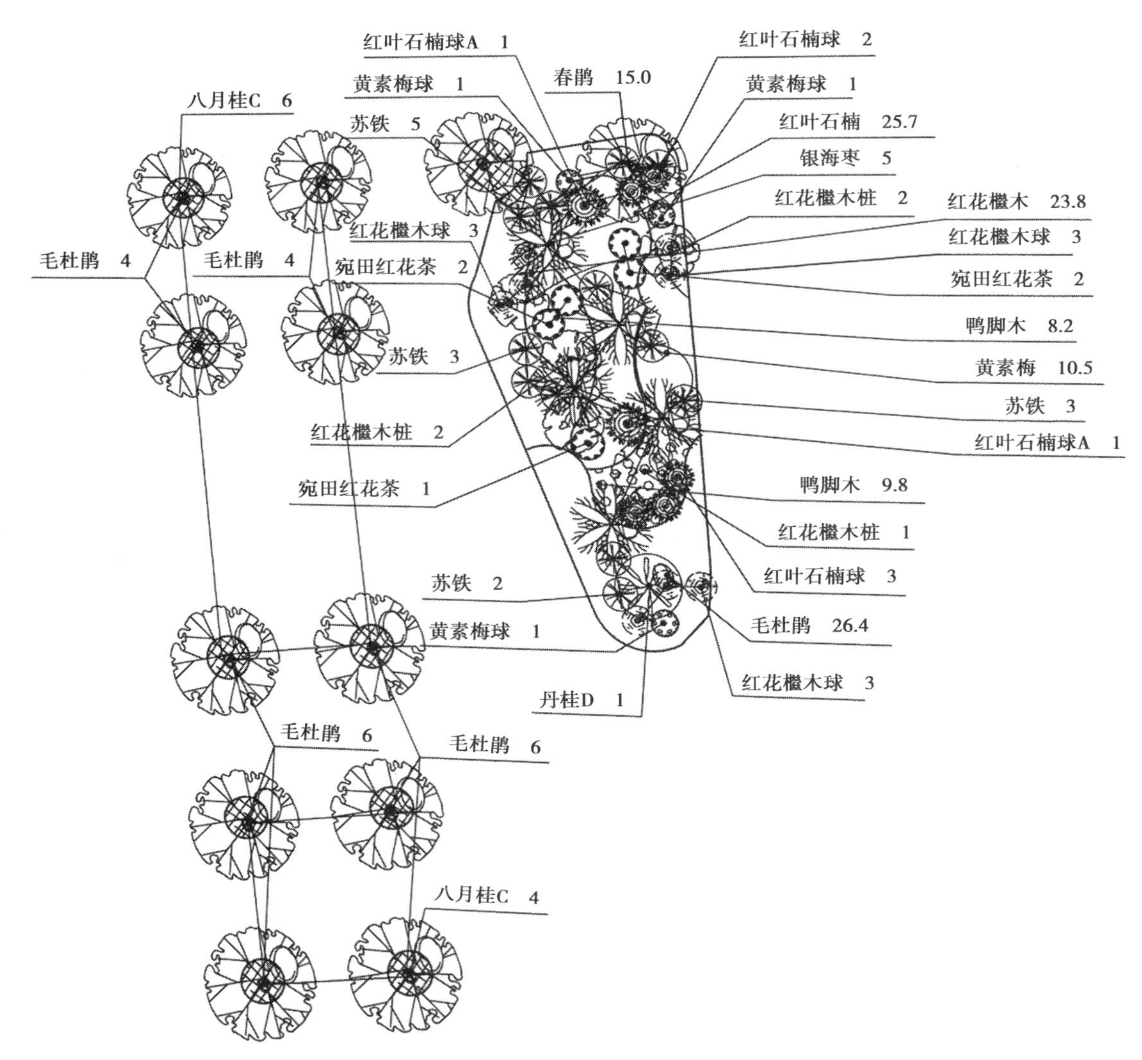

图 3.22 平面图

表 3.14 植物名录表

序号	名称	单位	数量	规格/cm			备注
				高度	胸径/地径	冠幅	
1	八月桂 C	株	10	500~600	20	400~500	假植苗
2	丹桂 D	株	1	350~450	20	280~350	假植苗
3	红花檵木桩	株	5	180~250	11	150~200	假植苗
4	银海枣	株	5	裸杆高≥400	地径 35~40	250~300	假植苗
5	宛田红花茶	株	5	180~200		100~120	假植苗
6	苏铁	株	11	杆高 80~100		80~100	假植苗

续表

序号	名称	单位	数量	规格/cm			备注
				高度	胸径/地径	冠幅	
7	红花檵木球	株	9	80~100		80~100	球状
8	黄素梅球	株	3	80~100		80~100	球状
9	红叶石楠球 A	株	2	150~180		150~180	球状
10	红叶石楠球	株	5	80~100		80~100	球状
11	黄素梅	m^2	10.5	35~40		30~35	密度 30 株/m^2,小袋苗
12	鸭脚木	m^2	8.2	35~40		30~35	密度 30 株/m^2,小袋苗
13	春鹃	m^2	15	35~40		30~35	密度 30 株/m^2,小袋苗
14	红叶石楠	m^2	25.7	35~40		30~35	密度 30 株/m^2,小袋苗
15	毛杜鹃	m^2	46.4	25~30		25~30	密度 36 株/m^2,小袋苗
16	红花檵木	m^2	23.8	25~30		25~30	密度 36 株/m^2,小袋苗
17	马尼拉草	m^2	12	1~2			块状,满铺

第 4 章

YUANLU
YUANQIAO
GONGCHENG

园路园桥工程

【本章主要内容及教学要求】

本章主要讨论园路园桥工程的项目划分、工程量计算和综合单价计算等问题。通过本章学习，要求：

★ 熟悉园路园桥工程的相关知识。
★ 熟悉园路园桥工程清单分项的划分标准。
★ 掌握园路园桥工程的工程量计算规则。
★ 掌握园路园桥工程的综合单价分析计算方法。

4.1 相关知识

4.1.1 园路工程

园路，指园林中的道路工程，包括园路布局、路面层结构和地面铺装等的设计。园林道路是园林的组成部分，起着组织空间、引导游览、交通联系并提供散步休息场所的作用。它像脉络一样，把园林的各个景区联成整体。园路本身又是园林风景的组成部分，蜿蜒起伏的曲线，丰富的寓意，精美的图案，都给人以美的享受。

1) 园路分类

一般绿地的园路分为下述几种。

(1) 主路

主路是指联系园内各个景区、主要风景点和活动设施的路。通过主路对园内外景色进行组织，以引导游人欣赏景色。主路联系全园，必须考虑通行、生产、救护、消防和旅行车辆等的要求。

(2) 支路

支路是指设在各个景区内的路，它联系各个景点，对主路起辅助作用。考虑到游人的不同需要,在园路布局中,还应为游人由一个景区到另一个景区开辟捷径。

(3)小路

小路又称游步道,是深入山间、水际、林中、花丛供人们漫步游赏的路。

(4)园务路

园务路是指为便于园务运输、养护管理等的需要而建造的路。这种路往往有专门的入口,直通公园的仓库、餐馆、管理处、杂物院等处,并与主环路相通,以便把物资直接运往各景点。

2)园路结构

园路结构形式有多种,典型的园路结构包含以下4个部分,如图4.1所示。

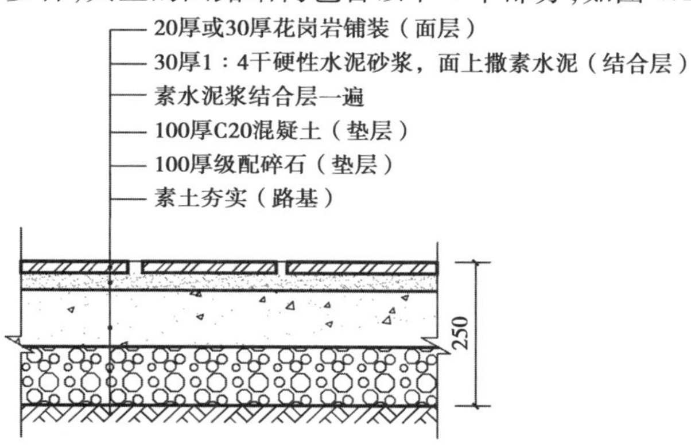

图4.1 某园路花岗岩铺装构造图

(1)面层

路面最上的一层。它直接承受人流、车辆的荷载和风、雨、寒、暑等气候作用的影响。因此要求坚固、平稳、耐磨,有一定的粗糙度,少尘土,便于清扫。

(2)结合层

采用块料铺筑面层时在面层和基层之间的一层,用于结合、找平、排水。

(3)垫层或基层

在路基之上。它一方面承受由面层传下来的荷载,一方面把荷载传给路基。因此,要有一定的强度,一般用混凝土、碎(砾)石、灰土或各种矿物废渣等筑成。

(4)路基

路面的基础。它为园路提供一个平整的基面,承受路面传下来的荷载,并保证路面有足够的强度和稳定性。如果土基的稳定性不良,应采取措施,以保证路面的使用寿命。

此外,要根据需要,进行道牙、雨水井、明沟、台阶、种植地等附属工程的设计。

3)园路面层

面层一般分为整体面层、块料面层两类;整体面层如砂浆、水磨石、卵石面层等;块料面层如天然材料(大理石、花岗石、卵石、竹木地板等)、人造材料(广场砖、陶瓷地砖、塑胶地毯等),采用砂浆粘结或其他方式铺设于基层之上。

(1)卵石铺装

采用多种组拼手法将不同粒径、不同颜色的卵石拼贴成风格各样的装饰效果,可用于地面、立面的装饰。卵石铺装施工方法分为平铺、侧铺、立铺和散铺(图 4.2)。

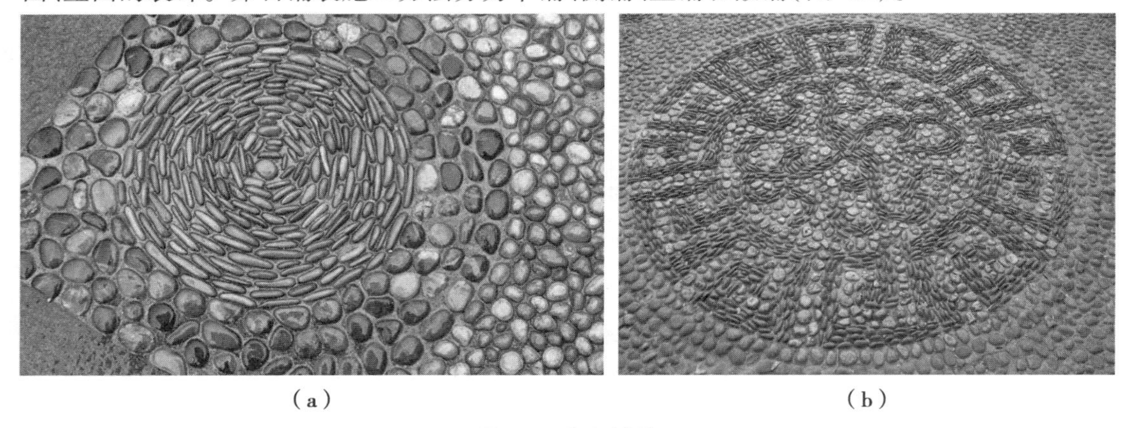

(a) (b)

图 4.2 **卵石铺装**

平铺、侧铺、立铺最大的区别在于卵石安放的方向不同。平铺是将卵石扁平面向上安放,侧铺是将卵石的窄面(侧面)嵌入结合层,立铺是将卵石按最大长度立起嵌入结合层。散铺是将卵石冲洗干净晒干后均匀平摊在地面上,可用砂浆与基层粘牢,也可堆放即可。

(2)冰裂纹铺装

在我国传统纹样之中,冰裂纹属于其中之一,并占有重要的地位,被广泛应用于园林景观、建筑装饰和瓷器(图 4.3)。

(a) (b)

图 4.3 **冰裂纹铺装**

由于冰裂纹形式灵活、自由多变而广受欢迎,渐渐地引入了地面,人们把各种乱石碎片拼凑在一起进行铺地。当代冰裂纹铺装可分为冰裂纹和碎拼两种。碎拼又称乱拼,具体是指工人在施工时,将大块石材料敲成碎块,然后利用这些形状不规则的碎块做成异形图案。在这种铺装方式下,板之间缝的大小是不规则的,所以这个铺装的效果是感官上比较粗糙、自然,一般用于自然式园路的铺设。而冰裂纹的做工比较精致,加工难度大,是板材精密切割形成的。

(3)京砖

京砖,又名方砖、金砖,其实,此“金砖”并非金子制成的砖,而是来自干窑的京砖。因其形为方的,故名方砖。京砖是专为皇宫烧制的细料方砖,颗粒细腻,质地密实,敲之作金石之声,故称“金砖”。在明清时代用于皇宫的建设,后来逐渐走向民间富户。

(4)缸砖

缸砖是由黏土和矿物原料烧制而成,因加入矿物原料不同而有各种色彩,一般为红色。缸砖质地坚硬,耐压耐磨,用于园林工程中的零星装饰。

(5)青砖

青砖是由黏土烧制而成的,黏土是某些铝硅酸矿物长时间风化的产物,因具有极强的黏性而得名(图 4.4)。将黏土用水调和后制成砖坯,放在砖窑中煅烧(900~1 100 ℃,并且要持续 8~15 h)制成砖。黏土中含有铁,因烧制过程中完全氧化时生成三氧化二铁呈红色,即最常用的红砖;而如果在烧制过程中加水冷却,使黏土中的铁不完全氧化则呈青色,即青砖。

(6)广场砖

广场砖是从陶瓷砖衍生出来的一种分类,属于耐磨砖的一种,主要用于休闲广场、人行道、花园阳台、商场超市等人流量众多的公共场合(图 4.5)。其砖体色彩简单,砖面体积小,多采用凹凸面的形式。具有防滑、耐磨、修补方便的特点。

图 4.4　青砖

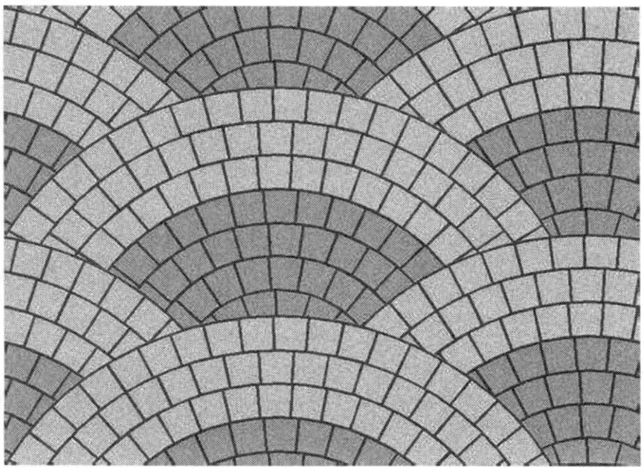

图 4.5　广场砖

广场砖一般分为三大类:适用于地面的普通广场砖、适用于屋顶的屋面砖以及适用于室内的超市砖。普通广场砖还配套有盲道砖和止步砖,一般为黄色、灰色和黑色。

(7)陶瓷锦砖

陶瓷锦砖又名马赛克,它是用优质瓷土烧成,一般做成 18.5 mm×18.5 mm×5 mm、39 mm×39 mm×5 mm 的小方块,或边长为 25 mm 的六角形等。陶瓷锦砖色泽多样,具有质地坚实,经久耐用,耐磨等优点,既可用于工业与民用建筑的走廊、餐厅、厕所等处的地面和内墙面,并可作高级建筑物的外墙饰面材料,又可用于园林的地面或游泳池底面铺贴。

(8)石质块料面层

石质块料面层一般指各种各样的花岗岩,主要由石英或长石等矿物组成。花岗岩不易风化,颜色美观,外观色泽可保持百年以上,由于其硬度高、耐磨损,除了用作高级建筑装饰工程、大厅地面外,还是园林中园路的首选之材(图 4.6)。

花岗岩颜色十分丰富,有红色、白色、黄色、绿色、黑色、紫色、棕色、米色、蓝色等,另外,花岗岩非常实用,可做成多种表面,如抛光、亚光、细磨、火烧、拉丝等(图 4.7)。

(9)透水砖

透水砖是为解决城市地表硬化,营造高质量的自然生活环境,维护城市生态平衡而产生的环保建材新产品。它具有较好的透水性、保湿性,防滑、强度高等特点,是绿色环保产品。透水砖颜色依添加色料而定,主要有红色、灰色、黄色、黑色、棕色等(图 4.8)。

（a）　　　　（b）

图 4.6　花岗岩铺装

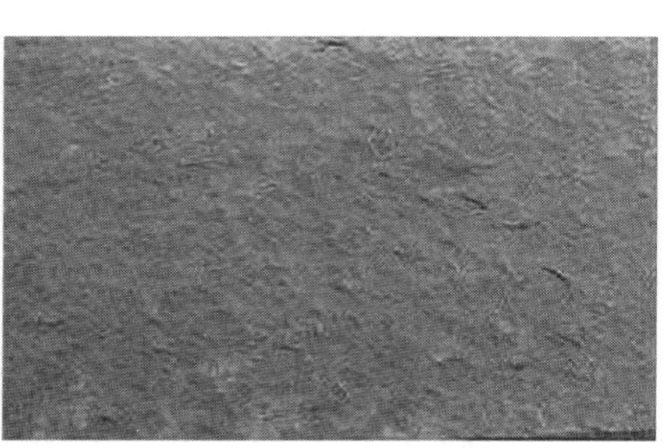

（a）光面（图为光面黄锈石）　（b）亚光面（图为青石板）　（c）火烧面（图为火烧面蒙古黑）

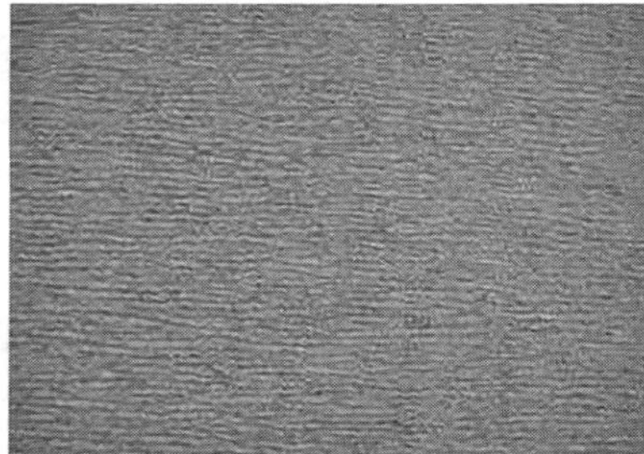

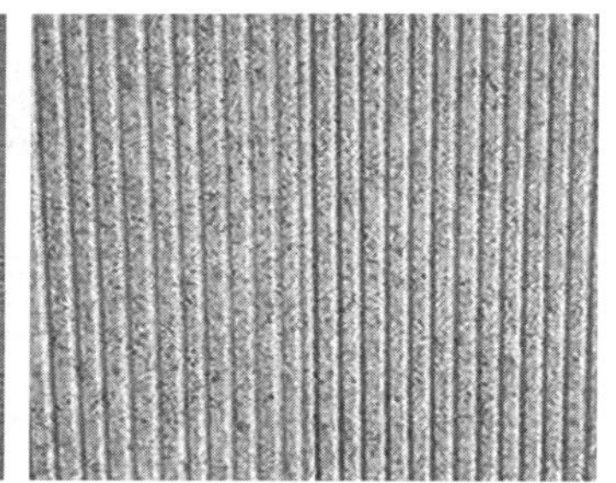

（d）荔枝面（图为芝麻白荔枝面）（e）龙眼（剁斧）面（图为龙眼面玄武岩）（f）拉丝面（图为芝麻白拉丝面）

图 4.7　花岗岩各种加工工艺

图 4.8　透水砖路面

普通透水砖的材质为普通碎石的多孔混凝土材料经压制成形，用于一般街区人行步道、广场，是一般化铺装的产品。

(10)嵌草砖面层

嵌草路面属于透水透气性铺地之一种。分为两种类型,一种为在块料路面铺装时,在块料与块料之间,留有空隙,在其间种草,如冰裂纹嵌草路、空心砖纹嵌草路、人字纹嵌草路等;另一种是制作成可以种草的各种纹样的混凝土路面砖。常用于园林的停车场铺装设计(图4.9)。

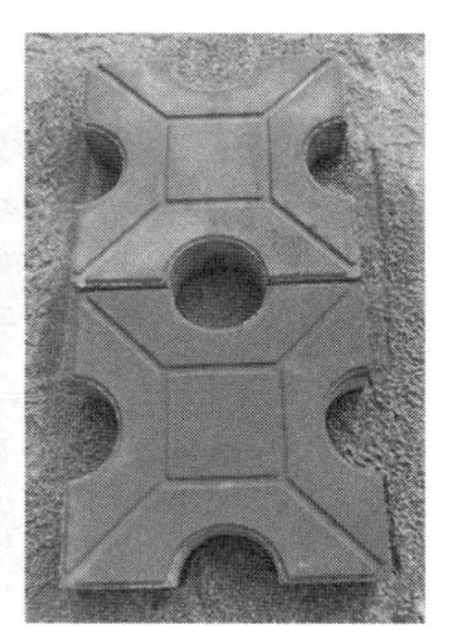

图 4.9 嵌草砖面层

植草格采用改性高分子量 HDPE 为原料,绿色环保,完全可回收。它完美实现了草坪、停车场的二合一,植草格耐压、耐磨、抗冲击、抗老化、耐腐蚀,提升了品质,节约了投资;独特的平插式搭接,省工、快捷,可调节伸缩缝(图 4.10)。

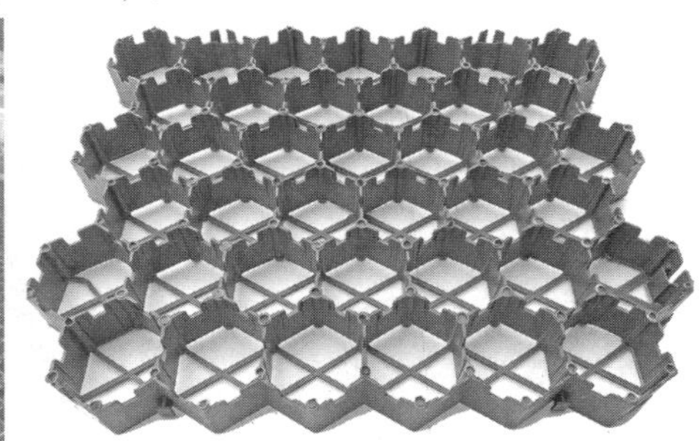

图 4.10 植草格

(11)塑胶面层

塑胶面层主要铺设塑胶运动场地、塑胶跑道、塑胶篮球场、塑胶网球场、幼儿园印花团塑胶地面、人造草坪铺装等设施。它表面颜色柔和,颗粒状表层,防止刺眼光线的反射,美观耐久,并可采用多色彩搭配,聚合氢元素及硫化过程不产生有害物质,是环保产品(图 4.11)。

图 4.11 塑胶面层

(12)防腐木面层

防腐木是将木材经过特殊防腐处理后,具有防腐烂、防白蚁、防真菌的功效。其种类有多种,如最常用的是樟子松防腐木、南方松防腐木、花旗松防腐木、柳桉防腐木、菠萝格防腐木、芬兰防腐木等(图 4.12)。所有防腐木安装都需要考虑细节美观处理。常用防腐木规格:长度 2 m、3 m、4 m、6 m,宽度 20 mm、30 mm、50 mm、100 mm、150 mm、200 mm 等。防腐木在使用过程中会出现热胀冷缩的情况,因此在安装时需留有一定的空隙。

图 4.12　防腐木面层

(13)道路缘石、平石

在道路工程中,路缘石是道路附属设施中的重要组成部分。路缘石又称侧缘石、道牙,是指设置在道路路面两侧或分隔带、安全岛四周,高出路面,将车行道与人行道、绿化带、分隔带、安全岛等构造物分隔开,标定车行道范围以维护交通安全及纵向引导排除路面雨水的设施。路缘石最大的特点就是高出路面(图 4.13)。

图 4.13　路缘石

平石:是指设置在道路车行道与路肩之间、高级路面与低级路面之间、不同结构类型路面接缝处或预留路口的沥青路面接头处,其顶面与路面齐平,可供机动车通过,标定路面范围、整齐路容并维护路面边缘不被损坏的设施。平石最大的特点就是与路面齐平。

路缘石、平石从材质上可分为混凝土预制、天然石材凿制、砌块砌制及混凝土就地浇筑等。从型式上可分为直线型和弧线型。

(14)汀步

汀步是步石的一种类型,设置在水上,是指在浅水中按一定间距布设块石,微露水面,使人跨步而过。园林中运用这种古老渡水设施,质朴自然,别有情趣。汀步现在广泛应用园林的草地中(图 4.14)。

图 4.14　汀步

(15)盖板(箅子)

当在有铺装的地面上栽种树木时,应在树木的周围保留一块没有铺装的土地,通常把它叫作树池或树穴(图 4.15)。

图 4.15　树池盖板(箅子)

①树池围牙。树池围牙是树池四周做成的围牙,类似于路缘石,即树池的处理方法,主要有绿地预制混凝土围牙和树池预制混凝土围牙两种。

②树池盖板。树池盖板又称护树板、树箅子、树围子等。树池盖板主体是由两块或四块对称的板体对接构成的,盖板体的中心处设有树孔,树孔的周围设有多个漏水孔。主要用于街道两旁的绿化景观树木的树池内,起到防水土流失、美化环境的作用。目前有铸铁、树脂复合等多种材料制作的树池盖板。

4) 园路施工

园林工程中园路的施工内容包括放样、挖填土方、地基夯实、标高控制、修整路槽、铺设垫层、场内运输、铺设面层、嵌缝修补、养护、清理场地、路边地形整理等。园路设计应线形流畅、优美舒展,路面形状、尺度、材料的质感及色质等应与周边环境相协调。

在园林道路中,常见的花岗岩路面施工工艺流程是:素土夯实→级配砂石(或三七灰土)→混凝土垫层→清理地面→弹中心线→试拼、铺贴→养护、嵌缝→清洗。具体操作如下:首先,将地面浮渣、杂物清理干净,进行场地平整,有坡度要求的要找出排水坡度。然后找出施工面四周的中心,弹出中心线,由标准标高线挂出地面标高线。其次,花岗岩路面石材施工前,应进行试拼,有文字和图案的先拼,后拼其他部位。接缝应协调,不得有通缝,缝宽为1~3 cm。再次,铺好的地面在2~3 d内禁止上人,素水泥或勾缝剂嵌缝,且表面应擦拭干净。最后,待结合层及勾缝的砂浆达到强度后再用水清洗干净,光面和镜面的饰面板经清洗晾干后方可打蜡擦亮。

4.1.2 园桥工程

园林中的桥,可以连接风景点的水陆交通,组织游览线路,变换观赏视线,点缀水景,增加水面层次,兼有交通和艺术欣赏的双重作用。园桥在造园艺术上的价值往往超过交通功能。

园桥在自然山水园林中,桥的布置同园林的总体布局、道路系统、水体面积占全园面积的比例、水面的分隔或聚合等密切相关。总体来说是与周围的环境要协调地融为一体。

园桥的形式造型有很多,大致可分9类,即平桥、拱桥、亭桥、廊桥、吊桥、栈道、浮桥、汀步、平曲桥。

(1)桥基础

桥基础的作用是承受上部结构传来的全部荷载,并把它们和下部结构荷载传递给地基。按构造和施工方法不同,桥梁基础类型可分为条形基础、独立基础、杯形基础和桩基础。

(2)石桥墩、石桥台

石桥墩是位于两桥台之间,桥梁的中间部位,支承相邻两跨上部结构的构件,其作用是将上部结构的荷载可靠而有效地传递给基础。

石桥台位于桥梁两端,支承桥梁上部结构和路堤相连接的构筑物,其功能除传递桥梁上部结构的荷载到基础外,还具有抵挡台后的填土压力、稳定桥头路基、使桥头线路和桥上线路可靠而平稳连接的作用。

(3)拱券石

拱券石又称拱旋石。石券最外端的一圈旋石称为"旋脸石",券洞内的称为"内旋石"。旋脸石可雕刻花纹,也可加工成光面。石券正中的一块旋脸石常称为"龙口石",也有的称为"龙门石";龙口石上若雕刻有兽面者称为"兽面石"。拱券石应选用细密质地的花岗石、砂岩石等,加工成上宽下窄的楔形石块。石块侧做有榫头,另侧有榫眼,拱券时相互扣合,再用1:2水泥砂浆砌筑连接。

(4)石券脸

石券脸是指石券最外端的一圈,旋石的外面部位(图4.16)。

(5)金刚墙砌筑

金刚墙又称平水墙,是指券脚下的垂直承重墙。金刚墙是一种加固性质的墙,一般在装饰面墙的背后保证其稳固性。

(6)石桥面铺筑

桥面是指桥梁上构件的上表面,通常布置要求为线型平顺,与路线顺利搭接。石桥面一般用石板、石条铺砌。

(7)木质步桥

木质步桥是指建设在庭院内的、由木材加工制作的,供游人通行兼有观赏价值的桥梁。这种园桥易与环境融为一体,但其承载量有限,又因木材易腐蚀而不易长期保持完好状态。

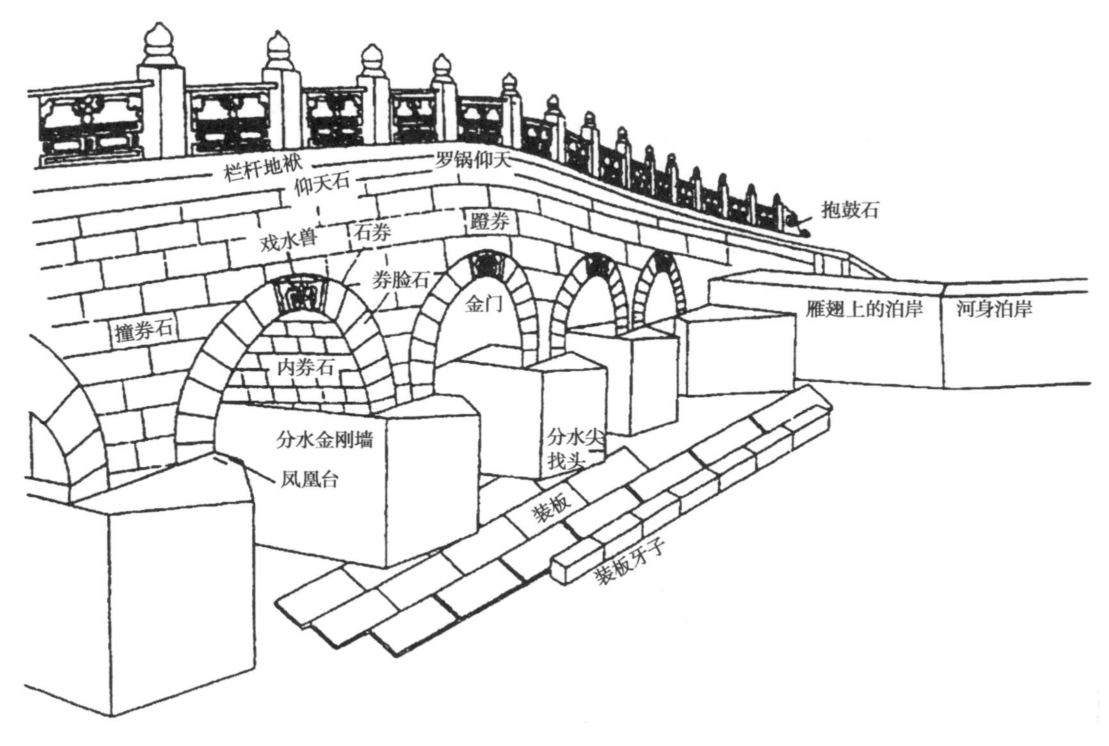

图 4.16　石券桥构造

(8)拱桥

拱桥是指在竖直平面内以拱作为结构主要承重构件的桥梁。拱桥是桥梁中造型极为优美的一种类型,极富生命力。根据设置的需要,拱桥的拱有单拱、双拱、多拱之分;在多拱桥中,处于中间的拱洞一般最大,两边依次缩小。园林中的拱桥,以单拱最为常见,因为单拱的桥洞更显得秀美,玲珑生姿,符合园林整体的意境与美感要求(图 4.17)。

图 4.17　拱桥

(9)平桥

平桥就是桥面平坦的桥,即桥面与水面或地面平行,桥面没有起伏,桥面以下也不采用拱形洞,而是大多采用石墩、木墩等直立支撑,整体形象比较简洁大方(图 4.18)。

(10)曲桥

曲桥桥面大多也为平桥形式,只是从平面上来看,桥身多有曲折,呈多段弯折形式。曲桥一般有三曲、四曲、五曲乃至九曲之分，大多架设在园林水池之上，以分隔水面使之不显得单调，既是园林一景，同时也可让游园的人能够更亲近池水（图4.19）。

图4.18　平桥

图4.19　曲桥

（11）廊桥

廊桥是带有廊顶的桥。早期的桥梁大多为木桥，但木桥不耐长久的风吹雨打，人们便想办法在桥上加建了顶盖，形成桥屋，以保护木制的壳体，这种带有桥屋的桥就被称作“廊桥”。这种桥能使游人免于风吹日晒，又能在避雨的同时，观赏雨中水景（图4.20）。

（12）亭桥

亭桥是一种特殊形式的桥，它是桥与亭的结合，下部是桥，上面是亭，桥与亭相依相映，既是桥，也是亭。在桥的基础上加建了亭，因此整体的高度也就相对增加了，所以相对来说，亭桥的形体更为优美，更显亭亭玉立（图4.21）。

图4.20　廊桥

图4.21　亭桥

4.1.3　驳岸、护岸工程

（1）园林驳岸

沿河地面以下，保护河岸（阻止河岸崩塌或冲刷）的构筑物称为驳岸（护坡）。驳岸建于水体边缘和陆地交界处，用工程措施加工岸而使其稳固，以免遭受各种自然因素和人为因素的破坏，保护风景园林中水体的设施。

园林驳岸按断面形状可分为整形式和自然式两类。对于大型水体和风浪大、水位变化大的水体以及基本上是规则式布局的园林中的水体，常采用整形式直驳岸，用石料、砖或混凝土等砌筑整形岸壁。对于小型水体和大水体的小局部，以及自然式布局的园林中水位稳定的水体,常采用自然式山石驳岸,或有植被的缓坡驳岸。

(2)园林护岸

在园林中,自然山地的陡坡、土假山的边坡、园路的边坡和湖池岸边的陡坡,有时为了顺其自然不做驳岸,而是改用斜坡伸向水中做成护坡。护岸主要是防止滑坡,减少水和风浪对岸坡的冲刷,以保证岸坡的稳定,即通过坚固坡面表土的形式,防止或减轻地表径流对坡面的冲刷,使坡地在坡度较大的情况下也不致坍塌,从而保护坡地,维持园林的地形地貌。

(3)石(卵石)砌驳岸

石(卵石)砌驳岸是指采用天然山石,不经人工整形,顺其自然石形砌筑而成的崎岖、曲折、凹凸变化的自然山石驳岸。这种驳岸适用于水石庭院、园林湖池、假山山体等水体(图4.22)。

图4.22 石(卵石)砌驳岸

(4)原木桩驳岸

原木桩驳岸是指取伐倒木的树干或适用的粗枝,按枝种、树径和作用的不同,横向截断成规定长度的木材打桩成的驳岸。木桩要求耐腐、耐湿、坚固、无虫蛀,如柏木、松木、橡木、杉木等。在某种程度上可以打破景观呆板、僵硬的形式,使其趋于自然,能实现生物景观的多样性(图4.23)。

图4.23 原木桩驳岸

(5)满(散)铺砂卵石护岸(自然驳岸)

满(散)铺砂卵石护岸(自然驳岸)是指将大量的卵石、砂石等按定级配与层次堆积、散铺于斜坡式岸边,使坡面土壤的密实度增大,抗坍塌能力也随之增强。在水体岸坡上采用这种护岸方式,不仅能起到固定坡土的作用,还能使坡面得到很好的绿化和美化(图4.24)。

图 4.24　满(散)铺砂卵石护岸(自然驳岸)

(6)阶梯入水驳岸

阶梯入水驳岸能满足游人亲水需求,是最具互动性的驳岸景观。阶梯入水驳岸要求驳岸(池岸)尽可能贴近水面,以人手能触摸到水为最佳,因为要满足亲水的特性,所以阶梯入水驳岸设计对水质要求较高。阶梯入水驳岸通常能让景致充满乐趣(图 4.25)。

图 4.25　阶梯入水驳岸

(7)垂直驳岸

垂直驳岸按材质又分为木平台驳岸和混凝土堆砌平台驳岸。木平台驳岸是用木桩堆砌的驳岸。木平台驳岸对木材的选用要求高,使用木桩时还需对木桩做特殊处理。一般用耐腐蚀的杉木作为木桩的材料,木桩入土前,还需在入土的一端涂刷防腐剂,涂刷沥青(水柏油),或对整根木桩涂刷防火、防腐、防蛀的溶剂(图 4.26)。混凝土驳岸是水泥浇注形成的一种驳岸,一般在城市河道整治中常用,在早期的生态旅游区建设中也较为常见。混凝土驳岸比其他几种驳岸都要牢固,能满足特定区域的防洪要求(图 4.27)。

(8)框格花木护岸

框格花木护岸一般是用预制的混凝土框格,覆盖、固定在陡坡坡面,从而固定、保护坡面,坡面上仍可种草种树。当坡面很高、坡度很大时,采用这种护坡方式的优点比较明显。因此,这种护坡适用于较高级的道路边坡、水坝边坡、河堤边坡等陡坡(图 4.28)。

图 4.26　木平台驳岸

图 4.27　混凝土驳岸

图 4.28　框格花木护岸

4.2　清单项目划分

根据《园林绿化工程工程量计算规范（GB 50858—2013）广西壮族自治区实施细则》将园路园桥工程划分园路、园桥、驳岸、踏步等项目。工程量清单项目设置及工程量计算规则，应按表 4.1 和表 4.2 的规定执行。

表 4.1　园路、园桥工程（编码:050201）

项目编码	项目名称	项目特征	计量单位	工程量计算规则	工作内容
050201002	踏道、蹬道台阶	1.路床土石类别 2.垫层厚度、宽度、材料种类 3.路面厚度、宽度、材料种类 4.砂浆强度等级	m^2	按设计图示尺寸以水平投影面积计算，不包括路牙	1.路基、路床整理 2.垫层铺筑 3.路面铺筑 4.路面养护
050201003	路牙（树池围牙、路缘石）铺设	1.垫层厚度、材料种类 2.路牙材料种类、规格 3.砂浆强度等级	m	按设计图示尺寸以长度计算	1.基层清理 2.垫层铺设 3.路牙铺设
050201004	树池盖板（箅子）	1.材料种类、规格	套	按设计图示以数量计算	1.基层清理 2.围牙、盖板运输 3.围牙、盖板铺设

续表

项目编码	项目名称	项目特征	计量单位	工程量计算规则	工作内容
050201005	嵌草砖（格）铺装	1.垫层厚度 2.铺设方式 3.嵌草砖（格）品种、规格、颜色 4.镂空部分填土要求	m^2	按设计图示尺寸以面积计算	1.原土夯实 2.垫层铺设 3.铺砖 4.填土
050201006	桥基础	1.基础类型 2.垫层及基础材料种类、规格 3.砂浆强度等级	m^3	按设计图示尺寸以体积计算	1.垫层铺筑 2.起重架搭、拆 3.基础砌筑 4.砌石
050201007	石桥墩、石桥台	1.石料种类、规格 2.勾缝要求 3.砂浆强度等级、配合比	m^3	按设计图示尺寸以体积计算	1.石料加工 2.胎架、起重架搭、拆 3.墩、台、券石、券脸砌筑 4.勾缝
050201008	拱券石	1.石料种类、规格 2.券脸雕刻要求 3.勾缝要求 4.砂浆强度等级、配合比	m^3	按设计图示尺寸以体积计算	1.石料加工 2.胎架、起重架搭、拆 3.墩、台、券石、券脸砌筑 4.勾缝
050201010	金刚墙砌筑	1.石料种类、规格 2.券脸雕刻要求 3.勾缝要求 4.砂浆强度等级、配合比	m^3	按设计图示尺寸以体积计算	1.石料加工 2.起重架搭、拆 3.砌石 4.填土夯实
050201011	石桥面铺筑	1.石料种类、规格 2.找平层厚度、材料种类 3.勾缝要求 4.混凝土强度等级 5.砂浆强度等级	m^2	按设计图示尺寸以面积计算	1.石料加工 2.抹找平层 3.起重架搭、拆 4.桥面、桥面踏步铺设 5.勾缝
050201012	石桥面檐板	1.石料种类、规格 2.勾缝要求 3.砂浆强度等级、配合比	m^2	按设计图示尺寸以面积计算	1.石材加工 2.檐板铺设 3.铁锔、银锭安装 4.勾缝
050201013	木制步桥	1.桥宽度 2.桥长度 3.木材种类 4.各部位截面长度 5.防护材料种类	m^2	按桥面板设计图示尺寸以面积计算	1.木梁、木桥板、制作、安装 2.连接铁件、螺栓安装 3.刷防护材料

续表

项目编码	项目名称	项目特征	计量单位	工程量计算规则	工作内容
050201014	栈道	1.栈道宽度 2.支架材料种类 3.面层材料种类 4.防护材料种类	m^2	按栈道面板设计图示尺寸以面积计算	1.木梁、木桥板、制作、安装 2.连接铁件、螺栓安装 3.刷防护材料
桂050201016	园路基层	1.路床土石类别 2.基层厚度、宽度、材料种类	m^2	按设计图示尺寸以面积计算	1.路基、路床整理 2.基层铺筑
桂050201017	园路面层	1.路面厚度、宽度、材料种类 2.砂浆强度等级	m^2		1.路面铺筑 2.路面养护
桂050201018	汀步	1.材料种类、规格 2.砂浆强度等级、配合比	m^3	按设计图示尺寸以体积计算	1.基层整理 2.材料加工 3.砂浆调运 4.砌筑
桂050201019	石券脸	1.石料种类规格 2.券脸雕刻要求 3.勾缝要求 4.砂浆强度等级、配合比			1.石料加工 2.胎架、起重架挤、拆 3.砌筑 4.勾缝
桂050201020	券脸石面	1.安装方式 2.面层材料品质、规格、颜色	m^2	按设计图示尺寸以面积计算	1.清理基层 2.面层安装 3.勾缝
桂050201021	内券石面	1.安装方式 2.面层材料品质、规格、颜色	m^2	按设计图示尺寸以面积计算	1.清理基层 2.面层安装 3.勾缝

表4.2　驳岸、护岸(编码:050202)

项目编码	项目名称	项目特征	计量单位	工程量计算规则	工程内容
050202001	石(卵石)砌驳岸	1.石料种类、规格 2.驳岸截面、长度 3.勾缝要求 4.砂浆强度等级、配合比	t	以t计算,按质量计算	1.石料加工 2.砌石(卵石) 3.勾缝
050202002	原木桩驳岸	1.木材种类 2.桩直径 3.桩单根长度 4.防护材料种类	m	以m计量,按设计图示以桩长(包括桩尖)计算	1.木桩加工 2.打木桩 3.刷防护材料
050202003	满(散)铺砂卵石护岸(自然护岸)	1.护岸平均宽度 2.粗细砂比例 3.卵石品种、粒径	t	以t计算,按卵石使用质量计算	1.修边坡 2.铺卵石

续表

项目编码	项目名称	项目特征	计量单位	工程量计算规则	工程内容
050202004	点(散)布大卵石	1.大卵石品种、粒径 2.数量	t	按卵石使用质量计算	1.布石 2.安砌 3.成型
050202005	框格花木护岸	1.展开宽度 2.护坡材质 3.框格种类与规格	m^2	按设计图示尺寸展开宽度乘以长度以面积计算	1.修边坡 2.安放框格
桂050202006	混凝土仿木树桩驳岸	1.桩截面、长度 2.混凝土强度等级 3.桩表面装饰种类 4.砂浆配合比	m^3	按设计图示尺寸以体积计算	1.制作 2.运输 3.安放

4.3 定额项目划分

《广西壮族自治区园林绿化及仿古建筑工程消耗量定额　第一册　园林绿化工程》将园路园桥工程按工程内容划分为园路,园桥,驳岸、踏步等三个部分,各部分又按工作内容划分子项,其分类见表4.3所示。

表4.3　定额项目分类表

内容	大节	小节	包含的主要项目
园路	土方工程	人工	人工　平整场地、原土打夯、挖一般土方、挖沟槽、基坑土方和夯填土方
		机械	机械　平整场地、原土碾压、挖一般土方、挖沟槽、基坑土方和填土碾压
		人工运土方	人工运土方、人工装土
		机械挖运土方	机械挖运土方、自卸汽车运土
	路床整型	人工操作	人工操作
		机械碾压	机械碾压
	垫层	人工操作	三合土、砂、砂砾、石屑、天然级配碎石、碎石干铺、碎石灌浆、毛石干铺、毛石灌浆、混凝土
		机械碾压	三合土、砂、砂砾、石屑、天然级配碎石、碎石干铺、碎石灌浆、毛石干铺、毛石灌浆、水泥稳定碎石(水泥含量5%)
	水泥砂浆找平层	水泥砂浆找平层	水泥砂浆找平层20 mm或每增减5 mm
	面层	整体面层	整体面层　20 mm　地面或台阶、防滑坡道　20 mm、加浆抹光随捣随抹　5 mm

续表

内容	大节	小节	包含的主要项目
园路	面层	卵石面层	卵石面层 平铺 拼花/不拼花 卵石面层 立铺 拼花/不拼花 散置 坐浆
		混凝土面层	混凝土面层 纹形/水刷 厚 12 cm/每增减 1 cm 干粘石面层
		预制混凝土块料面层	预制块料面层 水泥砂浆 普通/异型 预制块料面层 粗砂 普通/异型
		石质块料面层	石质块料面层 水泥砂浆 厚度 2~15 cm 以内 石质碎拼面层 不锯边/锯边 水泥砂浆 石质块料 厚度 150 mm 以内 粗砂、砂/浆缝 石质台阶面层 直形/弧形 水泥砂浆 石质零星装饰 水泥砂浆
		汀步	汀步 方整石 厚 150 mm 以内/以外 汀步 自然石
		广场砖面层	广场砖面层 拼图案/不拼图案
		缸砖面层	缸砖面层 勾缝/不勾缝、台阶、零星装饰
		陶瓷锦砖(马赛克)面层	陶瓷锦砖(马赛克)面层 不拼花/拼花、台阶
		塑胶面层	塑胶面层
		京砖铺地	京砖面层 桐油、细灰铺贴 40 cm×40 cm/50 cm×50 cm^2、 京砖面层 水泥砂浆铺贴 40 cm×40 cm/50 cm×50 cm^2
		土青砖铺地	土青砖面层 席纹侧铺、侧铺、平铺
	砖砌边沟、台阶	砖砌边沟	砖砌边沟 砌筑、预制混凝土盖板制作安装
		砖砌台阶	砖砌台阶
	道路缘石、平石安砌	道路侧缘石	道路侧缘石 混凝土/石质路缘石
		道路平石	道路平石 混凝土/石质路缘石
		现浇侧(平、缘)石	现浇侧(平、缘)石
		砖缘石(侧铺)	砖缘石(侧铺) 单/双砖安砌
		砖缘石(立铺)	砖缘石(立铺) 单/双砖安砌
	树穴盖板安装	树穴盖板安装	树穴盖板安装 铸铁、复合材料和混凝土
园桥	基础	基础	基础 毛石混凝土、混凝土
	护坡	护坡	护坡 毛石、条石
	园桥混凝土构件	园桥混凝土构件	园桥混凝土构件 毛石桥墩(台)、混凝土桥墩(台)、混凝土拱券
	园桥石质装饰贴面	园桥石质装饰贴面	石质桥面(厚 13 cm 以内)、挂贴券脸石面和粘贴内券石面

续表

内容	大节	小节	包含的主要项目
园桥	木步桥及栈道	梁制作	梁制作 梁宽 25 cm 以内、梁宽 30 cm 以内
		桥面 刨光圆木搁栅	桥面 刨光圆木搁栅 14~20 cm 以内
		桥面 刨光方木搁栅厚	桥面 刨光方木搁栅厚 11~14 cm 以内和 14 cm 以上
		桥面板制安	桥面板制安 板厚 4 cm、板厚每增 1 cm、安装后净面磨平
		桥面板安装	桥面板安装 成品木地板、塑木地板
	木质栏杆	木质栏杆	木质栏杆 花式栏杆、直挡栏杆
驳岸、踏步	驳岸、山石踏步	驳岸	驳岸 原木桩、混凝土仿木树桩
		自然式驳岸	自然式驳岸 山石、卵石
		山石踏步	山石踏步
	池底散铺卵石	池底散铺卵石	池底散铺卵石 干铺

4.4 工程量计算规则

①平整场地是指建筑及室外铺装场地厚度在±30 cm 以内的挖、填、运、找平，如±30 cm 以内全部是挖方或填方，应套相应挖填及运土子目。

②基础施工所需工作面，按施工组织设计规定计算（实际施工不留工作面者，不得计算）；如无施工组织设计规定时，按表 4.4 规定计算。

表 4.4 基础施工所需工作面宽度计算表

基础材料	每边各增加工作面宽度/mm
砖基础	200
浆砌毛石、条石基础	150
混凝土基础垫层支模板	300
混凝土基础支模板	300
基础垂直面做防水层	1 000（防水层面）

③路床整型按设计图示路床尺寸以面积计算，设计未明确路床宽度的，路床宽度按设计路面宽度（含路缘石）每侧各增加 20 cm 计算。

④各种垫层按设计图示尺寸以 m^3 计算。

⑤找平层、整体面层均按设计图示尺寸以 m^2 计算。

⑥各种面层按设计图示尺寸以 m^2 计算，不包括路牙。园路如有坡度时，工程量以斜面积计算。坡道园路带踏步者，其踏步部分应扣除并另按台阶相应定额子目计算。

⑦块料面层按设计块料按图示尺寸以面积计算。

⑧台阶面层（包括最上层踏步边沿加 300 mm）按水平投影面积以 m^2 计算。

⑨砖砌边沟不分墙基、墙身合并以 m^3 计算。

⑩路缘石安装工程量以延长米计算。

⑪树穴盖板分材质按套计算。

⑫园桥基础、桥台、桥墩、桥柱、护坡按设计图示尺寸以 m^3 计算,桥面、券脸石、内券脸按 m^2 计算。

⑬现浇混凝土桥台、桥柱、桥墩、拱券、桥洞底板按 m^3 计算。

⑭桥面板制作安装按设计净尺寸以 m^2 计算。

⑮木栏杆制作安装按设计图示尺寸(不扣除镂空面积、望柱)以 m^2 计算。

⑯木梁制作安装、刨光圆木、方木搁栅按 m^3 计算。

⑰原木桩驳岸、混凝土仿木树桩驳岸按设计图示尺寸以体积计算。

⑱自然式驳岸按设计图示尺寸以 t 计算。

4.5 计价注意事项

本章定额包括园路、园桥、驳岸护岸工程。适用于园林及市政广场、小(厂)区室外铺装等工程。

①本章土方工程适用于园林、绿化以及亭、廊等无围护结构的园林或仿古建筑工程的土方计价,石方开挖运输则按建筑消耗量定额执行。

②本章定额土方不分土壤类别,按人工施工和机械施工分别套用定额。人工挖土方深度以 1.5 m 为准,如超过 1.5 m 者,需用人工将土运至地面时,应乘以表 4.5 所列系数(不扣除 1.5 m 以内的深度和工程量)。

表 4.5 人工挖土方超深增加人工费系数表

单位:100 m^3

深 2 m 以内	深 4 m 以内
1.08	1.24

③路床整型包括挖、填厚度在 30 cm 以内的挖、填、找平,路床整型定额未包括路基土石方,路基土石方套用本章相应定额。

④垫层、面层、路缘石定额用于山丘坡道,在坡度大于 30°的坡道时,定额人工乘以 1.15 系数,坡度大于 45°定额人工乘以 1.30 系数。园路垫层缺项可按市政消耗量定额执行。

⑤预制混凝土块料子目适用于透水砖、植草砖、水泥阶砖等的铺设,砂垫层厚度按 5 cm 考虑,设计厚度与定额取定不同时,换算砂用量。植草砖面层不包括缝隙回填种植土、草皮种植的内容,发生时另行计算。

⑥台阶面层子目不包括牵边、侧面装饰及防滑条;砖砌边沟不包括抹灰,发生时另行计算。混凝土台阶按广西建筑工程消耗量定额计算。

⑦石桥的石质抱鼓、栏板安装执行石作工程相应定额子目。

⑧园桥基础、桥台、桥墩、护坡、桥面等项目,如遇缺项可分别按其他章节相应项目执行,但人工乘以系数 1.25。

⑨钢筋混凝土园桥的柱、梁、桁条按第二册钢筋混凝土章节定额执行。

⑩木步桥栈道的木梁和塑木地板如采用螺栓安装及加固时,螺栓及铁件材料费另计。

⑪原木桩驳岸按打圆木桩考虑，采用带树皮原木的，换算相应材料，其他不变。

4.6 工程案例

［例 4.1］ 根据所给的某园林广场平面图（图 4.29）和铺装构造详图（图 4.30），计算该部分所包含的定额工程量以及分部分项工程量清单综合单价（小数点后保留 2 位）。

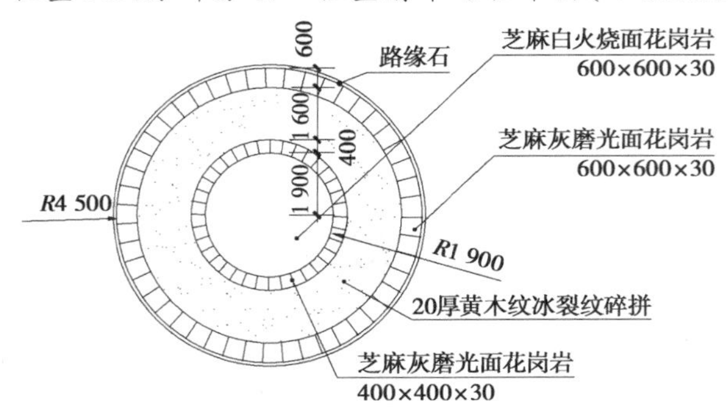

图 4.29 平面图（单位：mm）

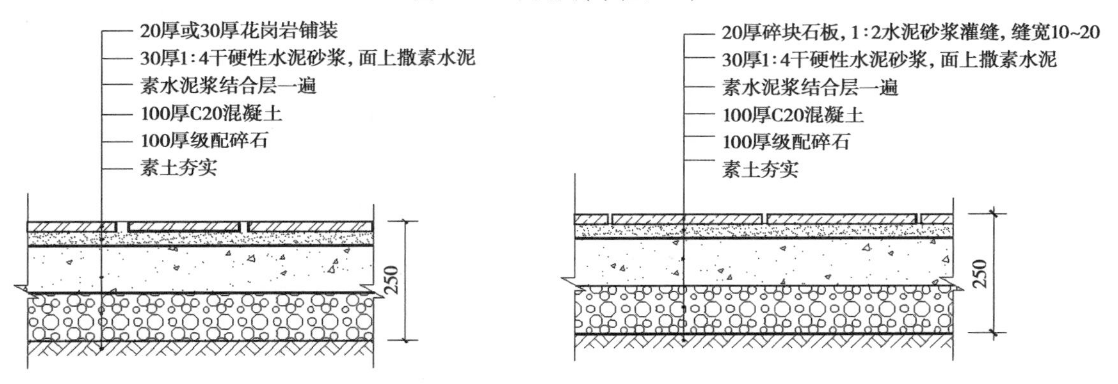

图 4.30 铺装构造详图

知识点：①各种面层清单计算单位为 m^2，垫层为 m^3。

②注意面层材料的主材价格的换算。

［**解**］ ①芝麻白火烧面花岗岩：$S=3.14\times1.9\times1.9=11.34(m^2)$

②芝麻灰磨光花岗岩：400×400×30，$S=3.14\times2.3\times2.3-11.335=5.28(m^2)$

③黄木纹冰裂纹碎拼面层：$S=3.14\times(1.9+0.4+1.6)\times(1.9+0.4+1.6)-11.335-5.276=31.15(m^2)$

④芝麻灰磨光花岗岩：600×600×30，$S=3.14\times(1.9+0.4+1.6+0.6)\times(1.9+0.4+1.6+0.6)-11.335-5.276-31.148=15.83(m^2)$

⑤路缘石：$L=3.14\times2\times(1.9+0.4+1.6+0.6)=28.26(m)$

⑥路床整形：$S=3.14\times4.5\times4.5=63.59(m^2)$

⑦100 厚 C20 混凝土垫层：$V=63.585\times0.1=6.36(m^3)$

⑧100 厚级配碎石：$V=63.585\times0.1=6.36(m^3)$

分部分项工程量清单综合单价分析表见表4.6，主要材料及价格表见表4.7。

表4.6 工程量清单综合单价分析表

工程名称：铺装工程

序号	项目编码	项目名称及项目特征描述	单位	工程量	综合单价/元	综合单价				
						人工费	材料费	机械费	管理费	利润
分部分项工程										
1	桂050201016001	路床整形	m^2	63.59	1.59	1.02		0.17	0.26	0.14
	D1-453	机械碾压	100 m^2	0.635 9	159.51	101.96		17.35	26.06	14.14
2	桂050201016002	园路基层：100厚级配碎石	m^2	63.59	19.00	4.45	12.82	0.17	1.01	0.55
	D1-458	人工操作 天然级配碎石	m^3	6.36	190.02	44.54	128.19	1.71	10.10	5.48
3	桂050201016003	园路基层：100厚C20混凝土	m^2	63.59	60.52	12.83	43.37		2.80	1.52
	D1-463换	人工操作 混凝土{换：碎石GD40 商品普通混凝土 C20}	m^3	6.36	605.13	128.27	433.65		28.01	15.20
4	桂050201017001	园路面层：芝麻白火烧面花岗岩600 mm×600 mm×30 mm 30厚1:4干硬性水泥砂浆，面上撒素水泥 素水泥浆结合层一遍	m^2	11.34	187.51	29.31	144.90	2.56	6.96	3.78
	D1-494换	石质块料面层 水泥砂浆 厚度4 cm内{换：水泥砂浆 1:4}	10 m^2	1.134	1 875.07	293.10	1 448.95	25.64	69.61	37.77
5	桂050201017002	园路面层：芝麻灰磨光面花岗岩400 mm×400 mm×30 mm 30厚1:4干硬性水泥砂浆，面上撒素水泥 素水泥浆结合层一遍	m^2	5.28	162.13	29.31	119.52	2.56	6.96	3.78

续表

序号	项目编码	项目名称及项目特征描述	单位	工程量	综合单价/元	综合单价				
						人工费	材料费	机械费	管理费	利润
	D1-494 换	石质块料面层 水泥砂浆 厚度 4 cm 内{换：水泥砂浆 1:4}	10 m^2	0.528	1 621.32	293.10	1 195.20	25.64	69.61	37.77
6	桂 050201017003	园路面层：20 厚黄木纹冰裂纹碎拼 20 厚碎块石板，1:2水泥砂浆填缝，缝宽 10~20 30 厚 1:4干硬性水泥砂浆，面上撒素水泥 素水泥浆结合层一遍	m^2	31.15	139.95	38.69	65.78	16.79	12.12	6.57
	D1-498 换	石质碎拼面层 锯边 水泥砂浆{换：水泥砂浆 1:4}	10 m^2	3.115	1 399.56	386.87	657.84	167.94	121.17	65.74
7	桂 050201017004	园路面层：芝麻灰磨光面花岗岩 600 mm×600 mm×30 mm 30 厚 1:4干硬性水泥砂浆，面上撒素水泥 素水泥浆结合层一遍	m^2	15.83	162.13	29.31	119.52	2.56	6.96	3.78
	D1-494 换	石质块料面层 水泥砂浆 厚度 4 cm 内{换：水泥砂浆 1:4}	10 m^2	1.583	1 621.32	293.10	1 195.20	25.64	69.61	37.77
8	050201003	路牙(树池围牙、路缘石)铺设 根据设计给的材质补充	m	28.26	70.55	12.26	54.09	0.05	2.69	1.46
	D1-528	道路侧缘石 石质路缘石{水泥砂浆 1:2}	10 m	2.826	705.49	122.60	540.87	0.54	26.89	14.59

表 4.7 主要材料及价格表

工程名称： 铺装工程

序号	材料编码	项目名称及规格、型号等特殊要求	单位	数量	单价/元
1	041104010	20 厚黄木纹冰裂纹碎拼	m^2	31.617	52.00
2	041104010	芝麻白火烧面花岗岩 600 mm×600 mm×30 mm	m^2	11.510	130.31
3	041104010	芝麻灰磨光面花岗岩 400 mm×400 mm×30 mm	m^2	5.359	105.31
4	041104010	芝麻灰磨光面花岗岩 600 mm×600 mm×30 mm	m^2	16.067	105.31

[**例 4.2**] 已知信息价中芝麻花花岗岩(600 mm×600 mm×16 mm)的市场除税价格是 77.88 元/m^2,同时信息价中附注说明:30 mm 厚花岗岩石材市场价格在相应以上市场价格上浮 40%~50%;对石材面板加工:火烧面、荔枝面:25~30 元/m^2,甲方要求取低值。请根据甲方要求,计算芝麻花花岗岩(600 mm×600 mm×30 mm)、芝麻花花岗岩(600 mm×600 mm×20 mm)、荔枝面芝麻花花岗岩(600 mm×600 mm×50 mm)、火烧面芝麻花花岗岩(600 mm×600 mm×80 mm)、芝麻花花岗岩(300 mm×300 mm×16 mm)的市场除税价格分别是多少元/m^2(小数点后保留 2 位)。

知识点:①面层材料的价格只与厚度有关,与规格无关。

②注意面层材料的主材价格的换算。

[**解**] 16 mm 芝麻花 77.88

30 mm 芝麻花 $77.88\times1.4=109.032$

内插法:$\dfrac{109.032-77.88}{30-16}=2.225$(元/mm)

①芝麻花花岗岩(600 mm×600 mm×30 mm)$=77.88\times1.4=109.032$(元/m^2)

②芝麻花花岗岩(600 mm×600 mm×20 mm)$=77.88+2.225\times(20-16)=86.78$(元/$m^2$)

③荔枝面芝麻花花岗岩(600 mm×600 mm×50 mm)$=77.88+2.225\times(50-16)+25=153.53+25=178.53$(元/$m^2$)

④火烧面芝麻花花岗岩(600 mm×600 mm×80 mm)$=77.88+2.225\times(80-16)+25=220.28+25=245.28$(元/$m^2$)

⑤芝麻花花岗岩(300 mm×300 mm×16 mm)为 77.88 元/m^2。

[**例 4.3**] 如图 4.31 所示,某园林木步桥设计施工图,场地现状地坪与混凝土压顶顶标高平齐,土壤类别三类土,木材选用一等杉木。计算分部分项工程量清单综合单价。

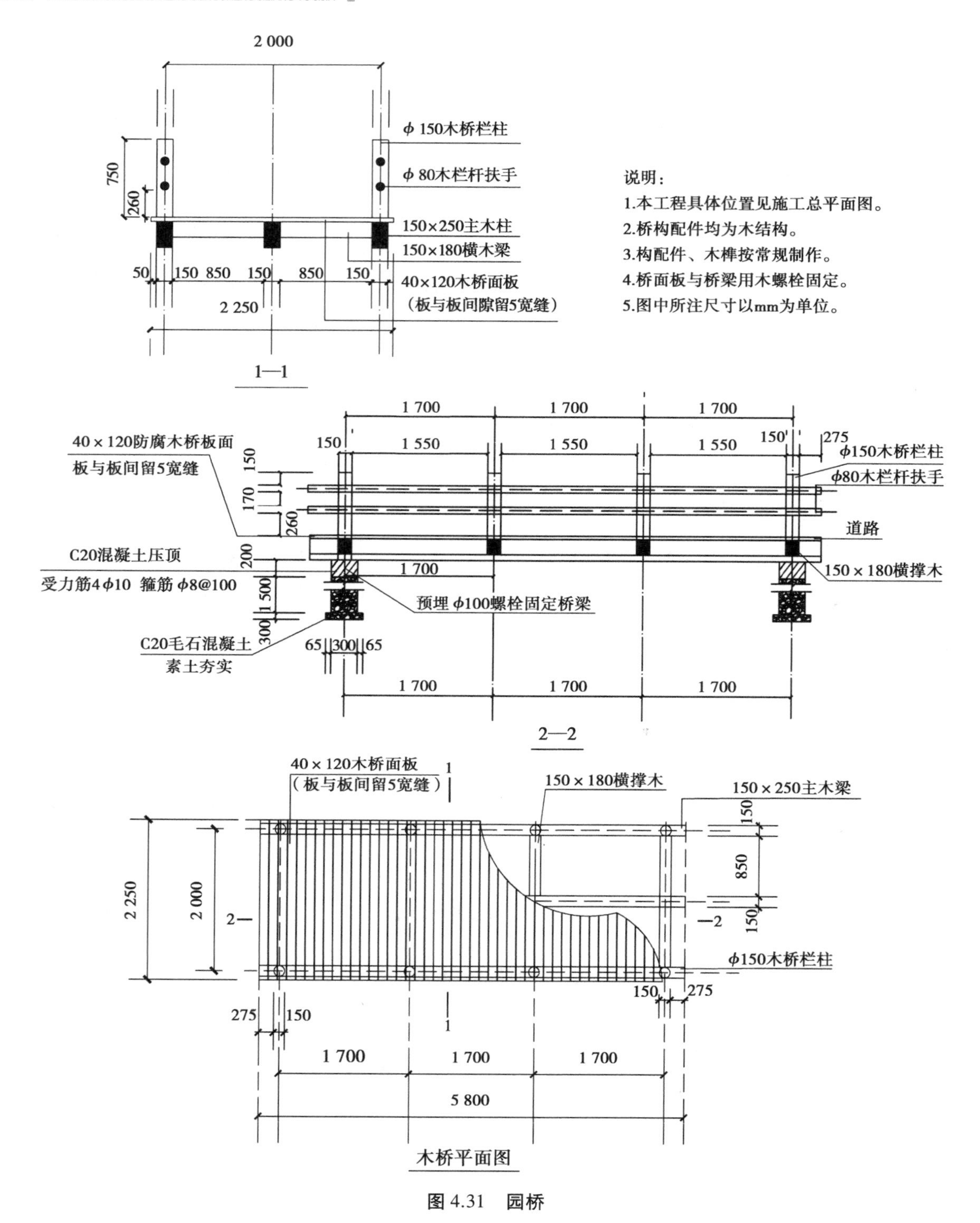

图 4.31 园桥

［解］ 依据设计图纸和说明可知:基坑深度 $h=2$ m,需放坡开挖,放坡系数 $k=0.33$,工作面 $c=300$,工程量计算如下:

①放坡、留工作面。则开挖断面图(放线宽):

短边：$A=a+2c+2kh=0.43+2\times0.3+2\times0.33\times2=2.35$(m)

长边：$B=b+2c+2kh=2.25+2\times0.3+2\times0.33\times2=4.17$(m)

②挖基坑土方：$V=\dfrac{[ab+(a+A)\times(b+B)+AB]\times h}{6}$

$=[0.43\times2.25+(0.43+2.35)\times(2.25+4.17)+2.35\times4.17]\times2/6$

$=9.54(\text{m}^3)$

③毛石混凝土基础：$(0.43\times0.3+0.3\times1.5)\times2.25\times2=2.61(\text{m}^3)$

④压顶：$0.3\times0.2\times2.25\times2=0.27(\text{m}^3)$

⑤木制步桥桥面：$2.25\times5.8=13.05(\text{m}^2)$

⑥主、次梁：$0.15\times0.25\times5.8\times3+0.15\times0.18\times2.15\times4=0.88(\text{m}^3)$

⑦木栏杆：$5.8\times0.75\times2=8.7(\text{m}^2)$

⑧受力筋：$2\times2.25\times9\times10\times10\times0.006\ 17\div1\ 000=0.011$(t)

箍筋：$2.25\div0.10+1\approx24$(根)

$2\times(0.3+0.2)\times2\times24\times8\times8\times0.006\ 17\div1\ 000=0.019$(t)

分部分项工程量清单综合单价分析表详见表4.8所示。

知识点：借用建筑装饰装修工程消耗量定额子目需采用其相应的管理费和利润费率；如涉及模板计价应在该混凝土构件的清单项目中综合报价。

表4.8　工程量清单综合单价分析表

工程名称：木步桥

序号	项目编码	项目名称及项目特征描述	单位	工程量	综合单价/元	综合单价				
						人工费	材料费	机械费	管理费	利润
分部分项工程										
	0502	木步桥								
1	040101003001	挖基坑土方 1.土壤类别：三类土 2.挖土深度：2 m	m^3	9.54	44.88	33.53		0.04	7.33	3.98
	D1-438	人工　挖沟槽、基坑土方	100 m^3	0.095 4	4 487.37	3 352.75		3.80	733.07	397.75
2	040103002001	余方弃置 1.废弃料品种：三类土 2.运距：100 m	m^3	2.88	30.90	23.11			5.05	2.74
	D1-446 换	人工运土方 运距 20 m 以内 [实际 100]	100 m^3	0.028 8	3 089.13	2 310.67			504.65	273.81
3	040103001001	回填方 1. 填方来源：原土	m^3	6.66	26.78	18.35		1.69	4.37	2.37
	D1-439	人工　夯填土方	100 m^3	0.066 6	2 677.95	1 834.56		168.54	437.48	237.37

续表

序号	项目编码	项目名称及项目特征描述	单位	工程量	综合单价/元	综合单价				
						人工费	材料费	机械费	管理费	利润
4	050201006001	桥基础 1.混凝土种类:毛石混凝土 2.混凝土强度等级:C20	m^3	2.61	565.93	110.77	414.44	2.54	24.75	13.43
	D1-540	基础 毛石混凝土{碎石 GD40 商品普通混凝土 C20}	10 m^3	0.261	5 659.24	1 107.65	4 144.44	25.42	247.46	134.27
5	010507005001	压顶 1.断面尺寸:300 mm×200 mm 2.混凝土种类:商品混凝土 3.混凝土强度等级:C20	m	0.27	902.59	272.45	512.37	3.07	91.39	23.31
	A4-53	混凝土 压顶、扶手{碎石 GD40 商品普通混凝土 C20}	10 m^3	0.027	6 244.90	1 249.33	4 475.48		414.40	105.69
	A17-118	压顶、扶手 木模板木支撑	100 延长米	0.022 5	3 337.18	1 770.25	777.84	36.81	599.40	152.88
6	010515001001	现浇构件钢筋 受力筋 4 Φ10,箍筋 8@150	t	0.03	6 058.07	1 724.58	3 741.37	8.31	378.46	205.35
	D2-287	圆钢筋 ϕ10 以内	t	0.03	6 058.07	1 724.58	3 741.37	8.31	378.46	205.35
7	050201014001	木制步桥 1.桥宽度:2 250 mm 2.桥长度:5 800 mm 3.木材种类:防腐木 4.各部位截面长度:主梁 150 mm×250 mm,次梁 150 mm×180 mm	m^2	13.05	325.23	63.73	234.63	4.04	14.80	8.03

续表

序号	项目编码	项目名称及项目特征描述	单位	工程量	综合单价/元	综合单价				
						人工费	材料费	机械费	管理费	利润
	D1-550	梁制作 梁宽 25 cm 以内	m^3	0.50	3 316.41	1 334.19	1 398.28	100.57	313.35	170.02
	D1-561	桥面板安装 成品木地板	10 m^2	1.305	1 981.72	126.13	1 810.56	1.90	27.96	15.17
8	桂 050302007001	主、次梁 1.种类:一等杉木 2.主梁150 mm×250 mm, 次梁 150 mm×180 mm	m^3	0.88	1 503.31	122.52	1 333.63	4.40	27.72	15.04
	D1-557	桥面 刨光方木搁栅厚 14 cm 以上	10 m^3	0.088	15 033.04	1 225.22	13 336.25	43.98	277.19	150.40
9	桂 050302008001	木栏杆 栏杆样式:立柱 ϕ150 mm,高0.75 m,扶手 ϕ80 mm,总长 5.8 m 连接方式:榫接	m^2	8.70	306.11	167.31	79.89	1.90	36.96	20.05
	D1-564	木质栏杆 直挡栏杆	m^2	8.70	306.11	167.31	79.89	1.90	36.96	20.05

思考与练习题

1.根据所给的某广场上铺装平面图(图 4.32)和构造详图(图 4.33)(单位:mm),计算该部分所包含的清单工程量和定额工程量(小数点后保留 2 位)。

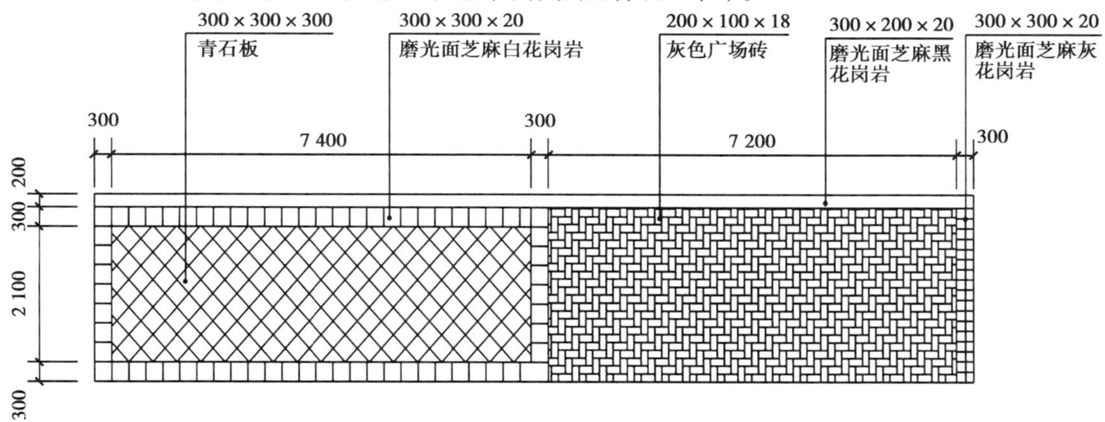

图 4.32 铺装平面图

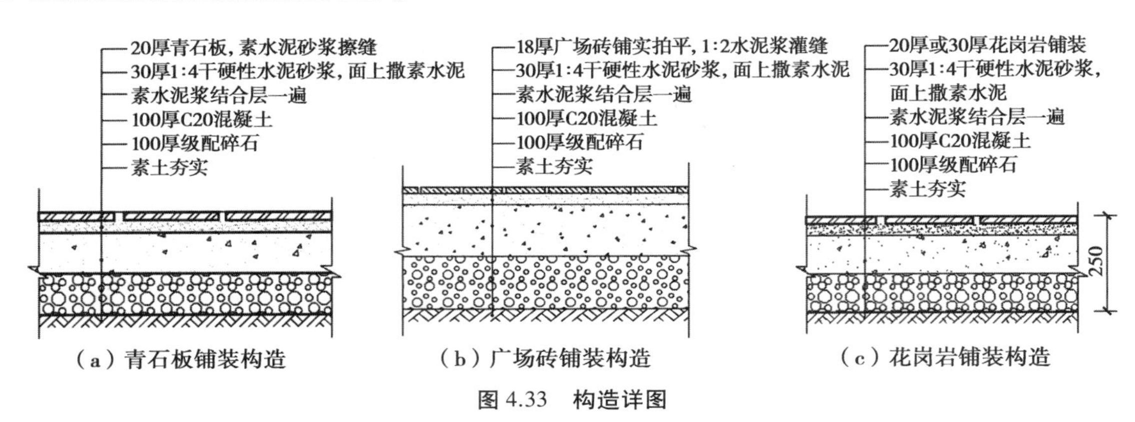

（a）青石板铺装构造　（b）广场砖铺装构造　（c）花岗岩铺装构造

图 4.33　构造详图

2.根据所给的平面图，已知该道路长为 10 m，路床整型按设计平面图（图 4.34）和铺装构造详图（图 4.35），计算该部分所包含的清单工程量和定额工程量（小数点后保留 2 位）。

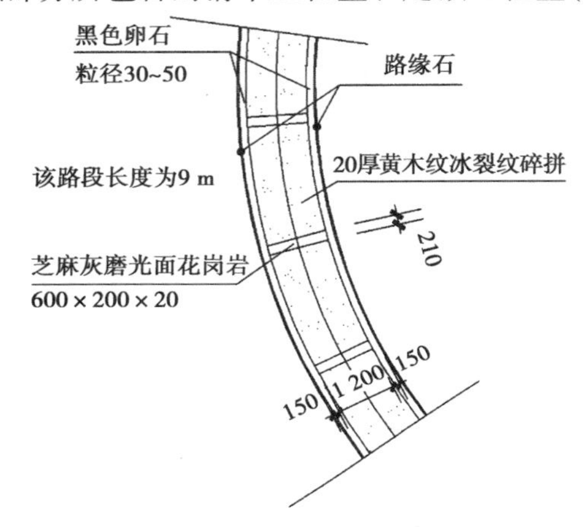

图 4.34　园路平面图（单位：mm）

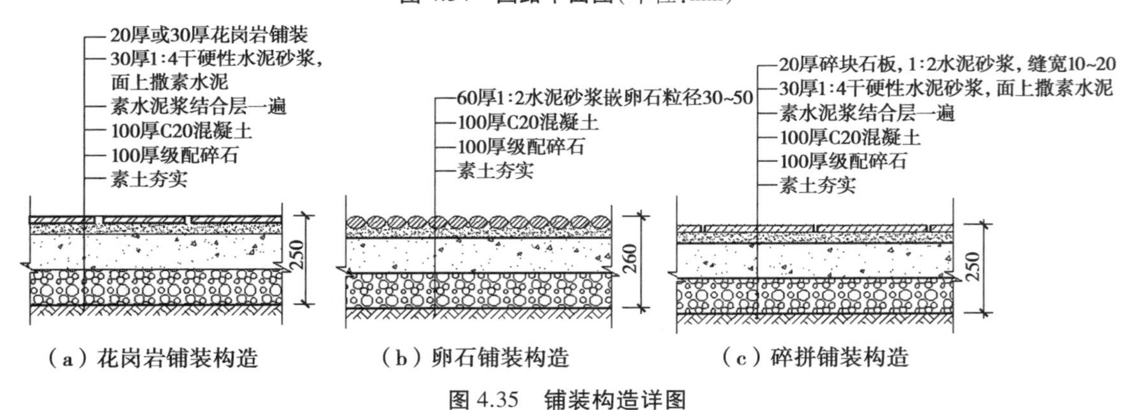

（a）花岗岩铺装构造　（b）卵石铺装构造　（c）碎拼铺装构造

图 4.35　铺装构造详图

3.已知信息价中芝麻白花岗岩（600 mm×600 mm×16 mm）的市场除税价格是 75.22 元/m^2，同时信息价中附注说明：30 mm 厚花岗岩石材市场价格在相应以上市场价格上浮 40%～50%；对石材面板加工：火烧面、荔枝面：25～30 元/m^2，甲方要求取低值。请根据甲方要求，计算芝麻白花岗岩（600 mm×600 mm×30 mm）、芝麻白花岗岩（600 mm×600 mm×20 mm）、荔枝面芝麻白花岗岩（600 mm×600 mm×50 mm）、火烧面芝麻白花岗岩（600 mm×600 mm×80 mm）、芝麻白花岗岩（300 mm×300 mm×16 mm）的市场除税价格分别是多少元/m^2。

4.如图 4.36 所示,某园桥设计施工图,土壤类别三类土,计算分部分项工程量清单综合单价。

设计说明:①本工程梁柱采用平面整体表示方法,参见图集 03G101-1。

桥柱基础直接架在车库顶板上。

②混凝土等级:基础、梁、板、柱均采用 C25 混凝土,钢筋为 HPB235 和 HPB335。

③钢筋的混凝土保护层厚度:梁为 30 mm;柱为 30 mm;板为 20 mm。

④本说明未详者均按现行国家相关规范规程进行施工。

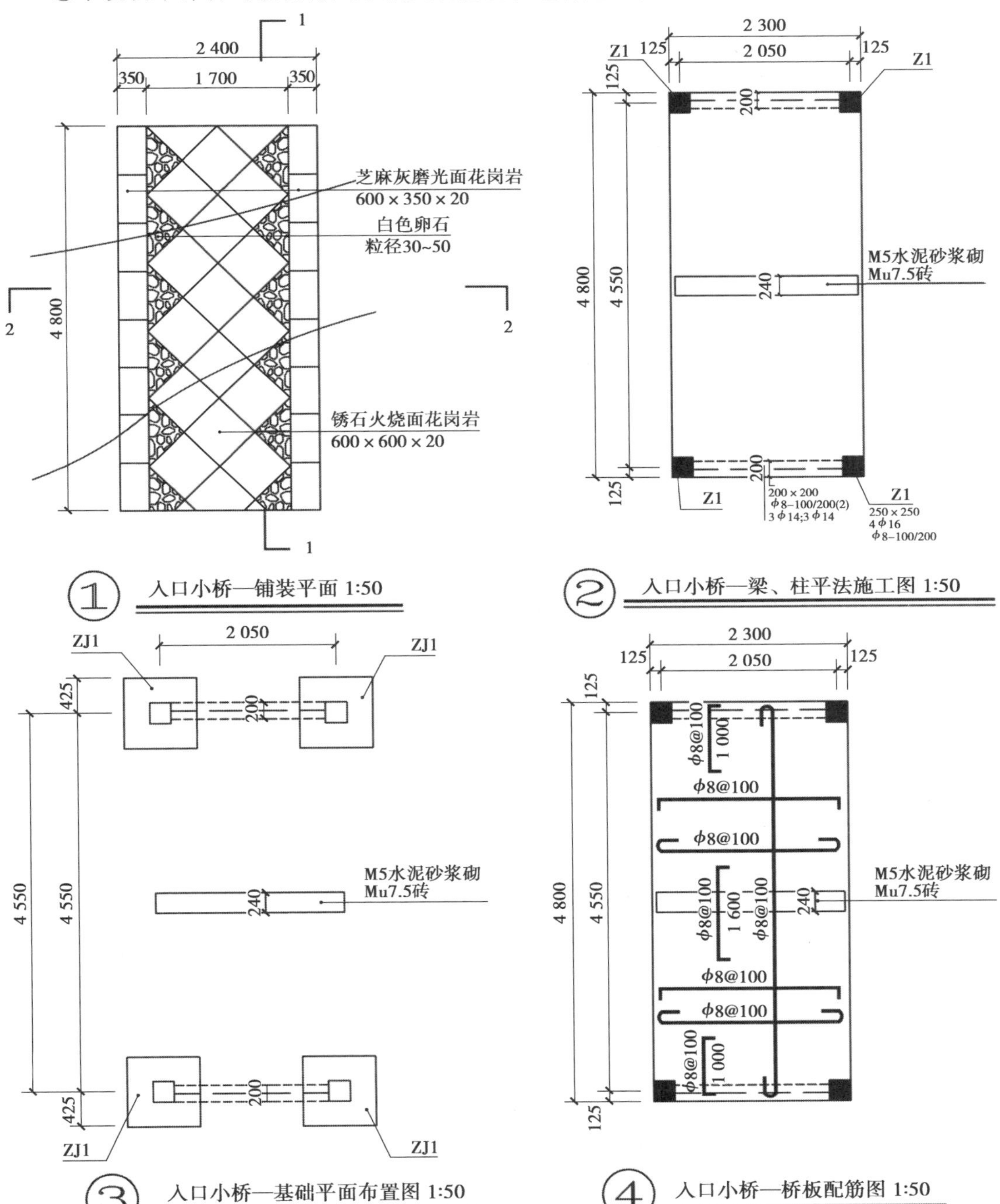

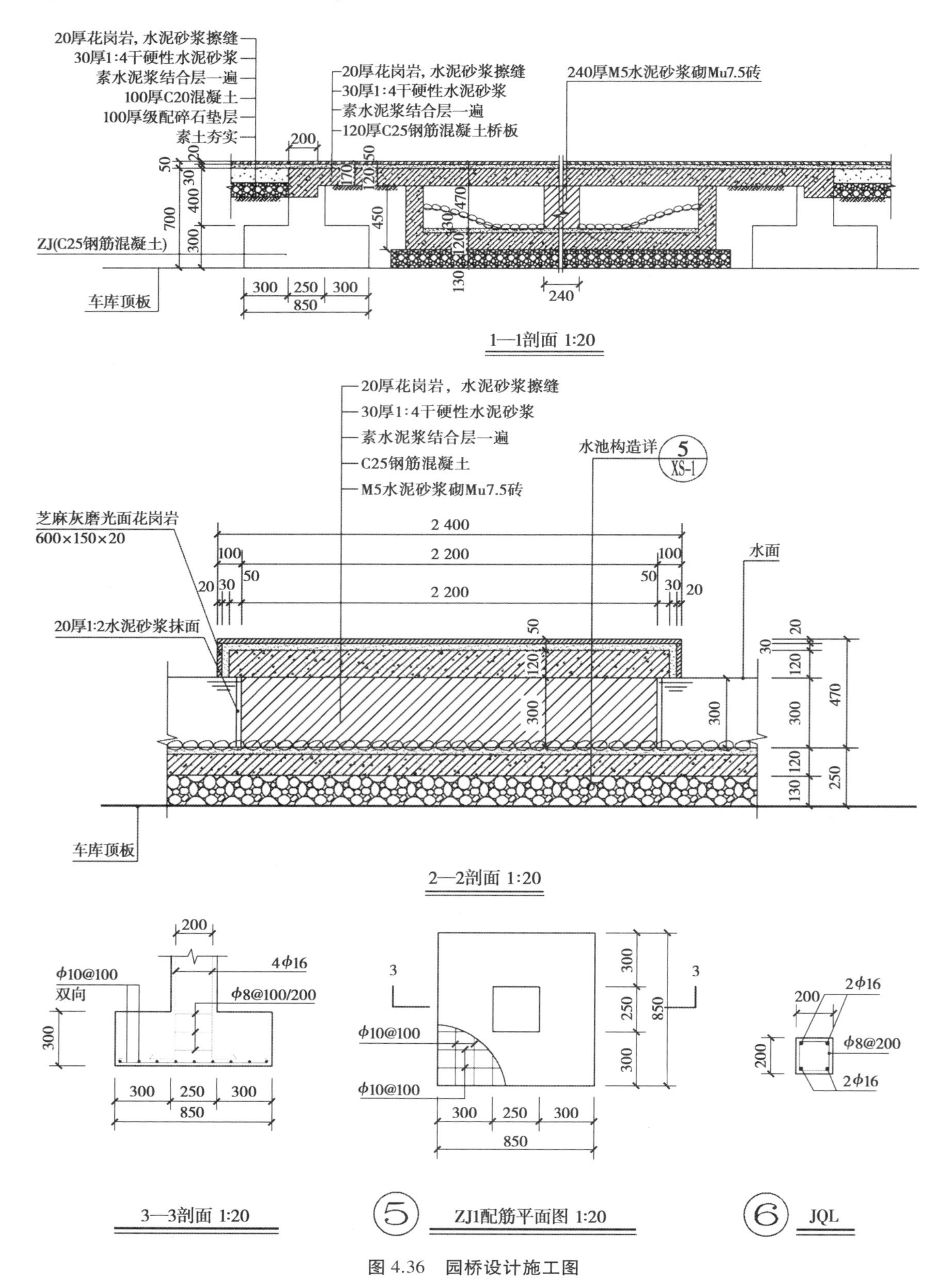

图 4.36　园桥设计施工图

第 5 章 园林景观工程

YUANLIN
JINGGUAN
GONGCHENG

【本章主要内容及教学要求】

本章主要讨论园林景观工程的项目划分、工程量计算和综合单价计算等问题。通过本章学习,要求:

★ 熟悉园林景观工程的相关知识。
★ 熟悉园林景观工程清单分项的划分标准。
★ 掌握园林景观工程的工程量计算规则。
★ 掌握园林景观工程的综合单价分析计算方法。

5.1 相关知识

5.1.1 堆塑假山

(1)堆砌假山和塑假石山

假山分为堆砌假山和塑假石山两种。

堆砌假山是指用各种园林石料堆砌的真石假山,所需的材料为石料、水泥、黄沙、毛石料等。假山的种类有湖石假山、黄石假山、斧劈石假山、吸水石假山、黄蜡石假山等。

塑石假山是指人工塑造山石,根据塑造的材料可分为砖石骨架塑假山和钢骨架钢丝网塑假山。它们是按照假山的设计形体,先用砖石和水泥砂浆砌筑成大致的轮廓,或用钢骨架钢丝网绑扎成轮廓骨架,其内部可砌扎出洞室、穿道、通气口等,洞顶用钢筋混凝土板盖顶。当整个胚形砌扎好后,仿照天然石质纹理进行面层抹灰或贴面,塑造出仿真效果的假山。

(2)常用假山石材

按假山石料的产地、质地来看,假山的石料可以分为湖石、黄石、青石、石笋,以及其他石品五大类,每一类产地地质条件差异而又可细分为多种。

①湖石。因原产太湖一带而得此名。这是在江南园林中运用较为普遍的一种,也是历史上开发较早的一类山石。颜色浅灰泛白,色调丰润柔和,质地轻脆易损。该石特点是经湖

水溶蚀后形成了大小不同的洞窝和环沟，具有圆润柔曲、嵌空婉转、玲珑剔透的外形，扣之有声。在湖石这一类山石中又可分为以下几种：太湖石（又称南太湖石）、房山石（又称北太湖石）、英德石、灵璧石、宣石（图 5.1）。与湖石相近的还有墨石，多产于华南地区，色泽褐黑，丰润光洁，极具观赏性。常见的墨石多象形状物，也有不少石上多石眼和弹窝，极类似太湖石。

②黄石。黄石是一种带橙黄颜色的细砂岩，产地很多，以常熟虎山的自然景观为著名。苏州、常州、镇江等地皆有所产。其石形体质地厚重坚硬，形态浑厚沉实、拙重，具有雄浑沉实之美（图 5.1）。与湖石相比又别是一番景象，平正大方，立体感强，块钝而棱锐，具有强烈的光影效果。

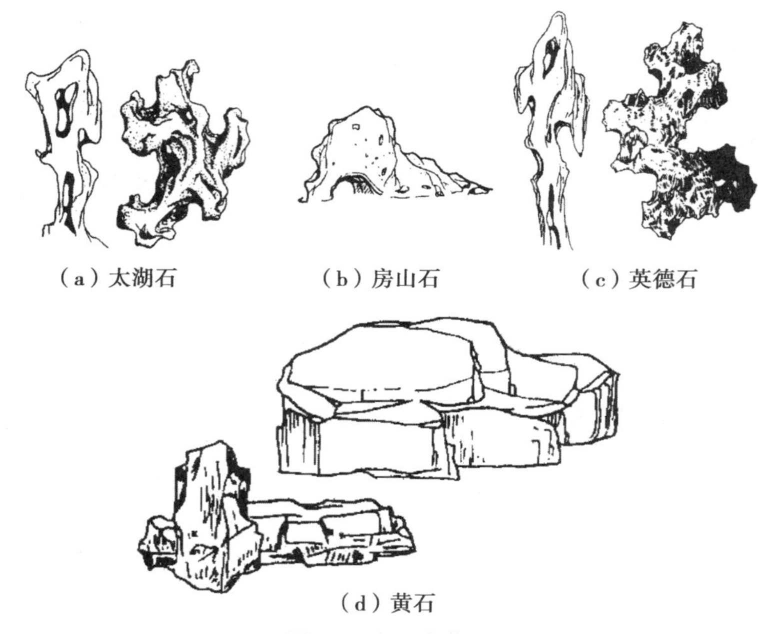

（a）太湖石　（b）房山石　（c）英德石

（d）黄石

图 5.1　湖石和黄石

③青石。青石即一种青灰色的细砂岩。北京西郊红山口一带均有所产。青石的节理面不像黄石那样规整，不一定是相互垂直的纹理，也有交叉互织的斜纹。就形体而言多星片状，故又有“青云片”之称。

④黄蜡石。黄蜡石色黄，表面油润如蜡，有的浑圆如卵石，有的石纹古拙、形态奇异，多块料，而少有长条形。由于其色优美明亮，常以此石作孤景，或散置于草坪、池边和树阴之下。在广东、广西等地广泛运用。

⑤石笋。即外形修长如竹笋的一类山石的总称。这类山石产地颇广。石皆卧于山土中，采出后直立地上。园林中常作独立小景布置，如扬州个园的春山、北京紫竹院公园的江南竹韵等。

⑥其他石品。诸如斧劈石、吸水石、石蛋等。斧劈石属页岩，经过长期沉淀形成，含量主要是石灰质及碳质，其皱纹与中国画中“斧劈皴”相似，色泽上虽以深灰、黑色为主，但也有灰中带红锈或浅灰等变化，这是因为石中含铁及其他金属成分。斧劈石因其形状修长、刚劲，造景时做剑峰绝壁景观尤其雄秀、色泽自然。

吸水石全国各地均有出产，是由泥沙和碳酸钙胶合地表石质砂岩经地质作用而成，除泥沙和碳酸钙外，还含有部分植物残体。吸水石天然洞穴很多，有的互相穿连通气，小的洞穴如气孔，这就是吸水性强的主要原因。在吸水石上的洞穴中，填上泥土可植花草，大的洞穴可栽树木，植物生长茂盛，开花鲜艳。

石蛋产于海边、江边或旧河床的大卵石，有砂岩及其他各种质地。在岭南园林中运用比较广泛。

(3)塑假山

现代园林中，为了降低假山石景的造价和增强假山石景景物的整体性，通常采用水泥材料以人工塑造的方式来制作假山或石景。做人造山石，按照假山的设计形体，先用砖石和水泥砂浆砌筑成大致的轮廓，或用钢骨架钢丝网绑扎成轮廓骨架，其内部可砌扎出洞室、穿道、通气口等，洞顶用钢筋混凝土板盖顶。当整个胚形砌扎好后，仿照天然石质纹理进行面层抹灰或贴面，塑造出仿真效果的假山。

(4)点风景石

点风景石是一种布置独立不具备山形但以奇特的形状为审美特征的石质观赏品。用于点风景石的石料包括太湖石、房山石、英德石和宣石等。

点风景石是以石材或仿石材布置成自然露岩景观的造景手法。点风景石还可结合它的挡土、护坡和作为种植床等实用功能，用以点缀风景园林空间。点风景石时要注意石身的形状和纹理，宜立则立，宜卧则卧，纹理和背向需要一致。其选石多半应选具有“透、漏、瘦、皱、丑”特点的具有观赏性的石材。

①整块湖石峰：是指带有底大上小的尖峰形湖石，一般可用作为独立石景，是较特殊的“单峰石”，如图 5.2(a)所示。

②人造湖石峰：是指用若干块湖石，通过水泥砂浆和铁件拼接起来所形成的石峰造型，如图 5.2(b)所示。

③人造黄石峰：是指用若干块黄石进行拼接成石峰造型，如图 5.2(c)所示。

④石笋：有一种星条状的水成岩石称为“石笋石”，直立放置犹似竹笋，是园林小品的常用点缀物，如图 5.2(d)所示。

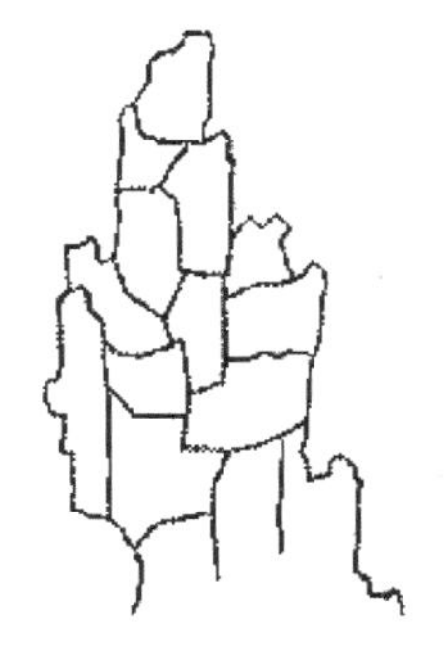
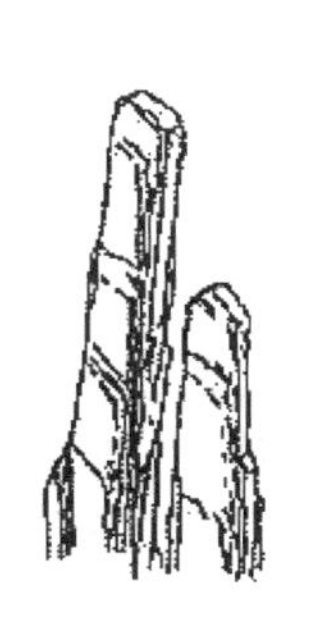

(a)单峰石　(b)人造湖石峰　(c)人造黄石峰　(d)石笋

图 5.2　石峰

⑤土山点石：是指在矮坡形土山和草坪上及树根旁等，为点缀景致而布置的石景，如子母石、散兵石等，如图 5.3 所示。

⑥布置景石：是指除堆砌假山、拼接峰石、土山点石之外的石景布置，如特置的各种形式单峰石、象形石、花坛石景以及院门、道路两旁的对称石等。

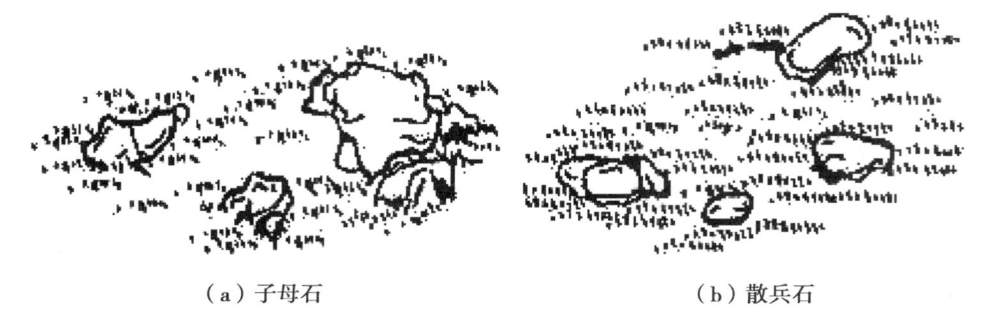

（a）子母石　　（b）散兵石

图 5.3　土山点石

5.1.2　原木、竹构件

原木、竹构件是指由原木、竹做成的构件。

原木主要取伐倒树木的树干或适用的粗枝，按树种、树径和用途的不同，横向截断成规定长度的木材。原木是商品木材供应中最主要的材种，分为直接使用原木和加工用原木两大类。直接用原木有坑木、电杆和桩木；加工用原木又分为一般加工用材和特殊加工用材。特殊加工用材有造船材、车辆材和胶合板材。各种原木的径级、长度、树种及材质要求，应根据相关国家标准确定。

（1）原木（带树皮）柱、梁、檩、椽

原木（带树皮）柱、梁、檩、椽是指用伐倒树木的树干或适用的粗枝，横向截断成规定长度的木材，加工制作而成的柱、梁、檩、椽，是园林中亭、廊、花架等的构件。

（2）原木（带树皮）墙

原木（带树皮）墙是指取用伐倒木的树干，也可取用合适的粗枝，保留树皮，横向截断成规定长度的木材，通过适当的连接方式所制成的墙体来分隔空间。

（3）树枝吊挂楣子

树枝吊挂楣子是指用树枝编织加工制成的吊挂楣子。吊挂楣子是安装于建筑檐柱间兼有装饰和实用功能的装修件。根据位置不同，可分为倒挂楣子和座凳楣子。倒挂楣子安装于檐枋之下，有丰富和装点建筑立面的作用；座凳楣子安装在檐下柱间，除有丰富立面的功能外，还可供人坐下休息。楣子的棂条花格形式同一般装修。

吊挂楣子主要由边框、棂条以及花牙子等构件组成，楣子高（上下横边外皮尺寸）一尺至一尺半不等，临期酌定。边框断面为 4 cm×5 cm 或 4.5 cm×6 cm，小面为看面，大面为进深。棂条断面同一般装修棂条，花牙子是安装在楣子立边与横边交角处的装饰件，通常做双面透雕，常见的花纹图案有草龙、番草、松、竹、梅、牡丹等。

（4）竹柱、梁、檩、椽

竹柱、梁、檩、椽是指用竹材料加工制作而成的柱、梁、檩、椽，是园林中亭、廊、花架等的构件。

（5）竹编墙

竹编墙是指用竹材料编成的墙体，有分隔空间和防护的功用。竹的种类应选用质地坚硬、尺寸均匀的竹子，并要求对其进行防腐防虫处理。墙龙骨的种类有木框、竹框、水泥类面层等。

（6）竹吊挂楣子

竹吊挂楣子是用竹编织加工制成的吊挂楣子，是用竹材质做成各种花纹图案。

5.1.3 亭廊屋面

亭廊屋面是指屋顶望板以上的面板工程，按材料分类可分为天然和人造两大类。天然材料如草屋面、竹屋面、树皮屋面；人造材料如油毡瓦屋面、预制混凝土穹顶、彩色压型钢板（夹芯板）攒尖亭屋面板、彩色压型钢板（夹芯板）穹顶、玻璃屋面、木（防腐木）屋面等。

（1）草屋面

草屋面是指用草铺设建筑顶层的构造层。草屋面具有防水功能而且自重荷载小，能够满足承重性能较差的主体结构（图5.4）。

（2）竹屋面

竹屋面是指建筑顶层的构造层由竹材料铺设而成。竹屋面的屋面坡度要求与草屋面基本相同。竹作为建筑材料，凭借竹材的纯天然的色彩和质感，给人以贴近自然、返璞归真的感觉，深受游人的喜爱（图5.5）。

图5.4 草屋面

图5.5 竹屋面

（3）树皮屋面

树皮屋面是指建筑顶层的构造层由树皮铺设而成的屋面。树皮屋面的铺设是用桁、椽搭接于梁架上，再在上面铺树皮做脊。

（4）油毡瓦屋面

油毡瓦是以玻纤毡为胎基的彩色块瓦状防水片材，又称沥青瓦。油毡瓦由于色彩丰富、形状多样近年来已得到广泛应用。油毡瓦屋面适用于防水等级为Ⅱ级、Ⅲ级的屋面防水。

（5）预制混凝土穹顶

预制混凝土穹顶是指在施工现场安装之前，在预制加工厂预先加工而成的混凝土穹顶。穹顶是指屋顶形状似半球形的拱顶。亭的屋顶造型有攒尖顶、三角形、多角形、扇形、平顶等多种，其屋面坡度因其造型不同而有所差异，但均应达到排水要求。

（6）彩色压型钢板（夹芯板）攒尖亭屋面板

彩色压型钢板是指采用彩色涂层钢板，经辊压冷弯成各种波形的压型板。这些彩色压型钢板可以单独使用，用于不保温建筑的外墙、屋面或装饰，也可以与岩棉或玻璃棉组合成各种保温屋面及墙面。它具有质轻高强、色泽丰富、施工方便快捷、防震、防火、防雨、寿命长、免维修等特点，现已被逐渐推广应用。

（7）彩色压型钢板（夹芯板）穹顶

彩色压型钢板（夹芯板）穹顶是指由厚度为0.8~1.6 mm的薄钢板经冲压而成的彩色瓦

楞状产品所加工成的穹顶。

(8)玻璃屋面

玻璃屋面又称玻璃采光顶,是指由玻璃铺设而成的屋面。大面积天井上加盖各种形式和颜色的玻璃采光顶,构成一个不受气候影响的室内玻璃顶空间(图5.6)。

(9)木(防腐木)屋面

木(防腐木)屋面是指用木梁或木屋架(格架)、檩条(木檩或钢檩)、木望板及屋面防水材料等组成的屋盖(图5.7)。

图5.6　玻璃屋面

图5.7　木(防腐木)屋面

5.1.4　花架

花架是用刚性材料构成一定形状的格架以供攀缘植物攀附的园林设施,又称棚架、绿廊。花架可作遮阴休息之用,也可点缀园景。现在的花架有两方面的作用,一方面供人歇足休息、欣赏风景;另一方面创造攀缘植物生长的条件(图5.8)。

图5.8　花架

(1)花架的形式

①廊式花架。最常见的形式,柱或墙上架梁,梁上再架格条,格条两端挑出,游人可入内休息。

②梁架式花架。梁架嵌固于单排柱或墙上,两边或一面悬挑,形体轻盈活泼。

③独立式花架。以各种材料作空格,构成墙垣、花瓶、伞亭等形状,用藤本植物缠绕成型,供观赏用。

(2)花架常用建筑材料

①竹结构:朴实、自然、价廉、易于加工,但耐久性差。竹材限于强度及断面尺寸,梁柱间距不宜过大,如图 5.9(a)所示。

②钢筋混凝土结构:可根据设计要求浇注成各种形状,也可做成预制构件,现场安装,灵活多样,经久耐用,使用较为广泛。

③石材:厚实耐用,但运输不便,常用块料作花架柱。

④金属材料:轻巧易制,构件断面及自重均小,采用时要注意使用地区和选择攀缘植物种类,以免炙伤嫩枝叶,并应经常油漆养护,以防脱漆腐蚀。

各种材料制作的花架如图 5.9 所示。

(a)竹结构花架

(b)钢筋混凝土结构花架

(c)钢结构花架

(d)木结构花架

图 5.9 各种材料制作的花架

(3)应用

花架可应用于各种类型的园林绿地中,常设置在风景优美的地方供休息和点景,也可以和亭、廊、水榭等结合,组成外形美观的园林建筑群;在居住区绿地、儿童游戏场中花架可供休息、遮阴、纳凉;用花架代替廊子,可以联系空间;用格子垣攀缘藤本植物,可分隔景物;园林中的茶室、冷饮部、餐厅等,也可以用花架作凉棚,设置座席;也可用花架作园林的大门。

5.1.5 其他

1)树池或花池

树池或花池是栽树或栽花用的围栏区域,池内填种植土,并要求设排水孔。它是在植床内对观赏树木或花卉种植的配置方式。形式多种多样,有圆形、矩形或不规则形等,如图5.10所示。

图 5.10　不同形状的树池或花池

树池或花池是在一定范围的绿地上按照整形式或半整形式的图案栽植观赏植物的园林设施。在具有几何形轮廓的植床内，种植各种不同观赏花木，用观赏花木的色彩或树形等来表示装饰效果。

2）景墙

景墙是中国古代园林建筑中常见的小品，其形式不拘一格，功能因需而设，材料丰富多样（图 5.11）。除了人们常见的园林中作障景、漏景以及背景的景墙外，很多城市更是把景墙作为城市文化建设、改善市容市貌的重要方式。

图 5.11　各种各样的景墙

传统的景墙多以植物、雕塑作为装饰，多依附在建筑之上，建造材料以砖石为主。现代的景墙具有丰富的几何体形，或简洁、或复杂，风格互相融合渗透，并在材料、工艺、技术等方面呈现多元化的特点。

在现代景观中，景墙具有隔断、导游、衬景、装饰、保护等作用。景墙的形式也是多种多样，一般根据材料、断面的不同，有高矮、曲直、虚实、光洁、粗糙等形式。景墙既要美观，又要坚固耐久。常用的材料有砖、混凝土、花格围墙、石墙、铁花格围墙等。

景墙按其构景形式可以分为：

①独立式景墙：以一面墙独立安放在景区中，成为视觉焦点。

②连续式景墙：以一面墙为基本单位，联系排列组合，使景墙形成一定的序列感。

③生态式景：将各种植物进行合理种植，利用植物的抗污染、杀菌、滞尘、降温、隔声等功能，形成既有生态效益，又有景观效果的绿色景墙。

景观常将这些墙巧妙地组合与变化，并结合树、石、建筑、花木等其他因素，以及墙上的漏窗、门洞的巧妙处理，形成空间有序、富有层次、虚实相间、明暗变化的景观效果。

3) 园林桌椅

园林桌椅相对整个园林设计来说，只能算是小配景，但它同时也是一个不可忽略的构成元素，是与游人直接沟通、接触交流的重要手段，是人交往空间的主要设施，也是体现整体园林设计思想的关键性细节，如图 5.12 所示。

（a）石材园椅

（b）木材园椅

图 5.12　园林桌椅

园林座椅要与园林的整体设计风格相统一，与周围的环境相协调，同时，摆放的位置也是需要有一定讲究的，要摆放在合适的位置与环境相适应，设计中避免与周围的环境产生突兀感、生硬感。常见的园林桌椅有木制、钢筋混凝土制、竹制飞来椅、现浇、预制混凝土桌凳、石桌石凳、塑树皮桌凳、塑树节椅、塑料铁艺金属椅等。

（1）吴王靠

吴王靠又称“鹅颈靠”“美人靠”，是由靠背和坐凳所组成的靠背栏杆，常用于作为房屋廊道和亭廊走道上的长靠背椅，如图 5.13、图 5.14 所示。靠背所做花纹图案分为竖芯式、宫式、葵式。

座凳由座凳板、座凳脚、仔栏杆（依设计要求而定）所组成。其中凳板厚 3~5 cm，宽按 30~40 cm 或按檐柱径设置，凳板设置高度多在 45~50 cm。凳脚可用木制脚架或砖墩、混凝土支架等，每隔 1~1.8 m 安置一道。仔栏杆是用来连接凳脚的构件，可设计成不同图案起装饰作用。

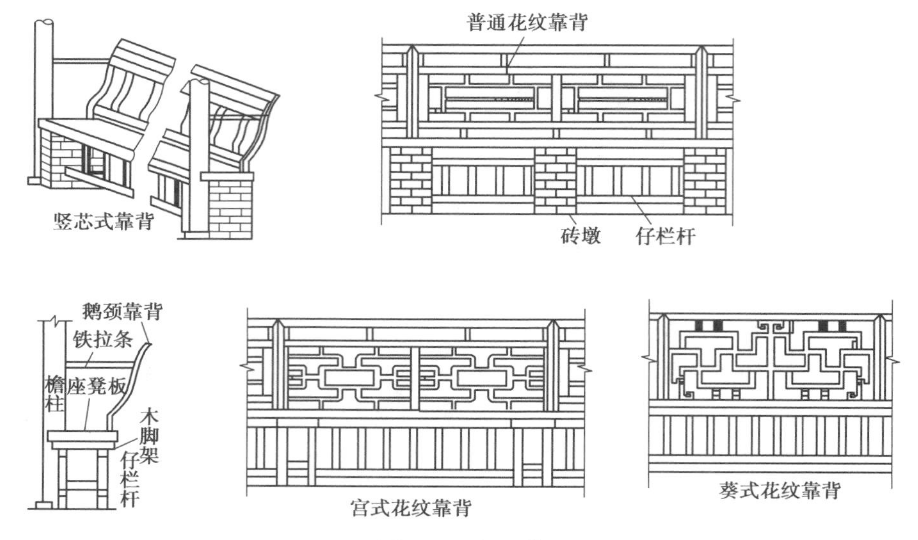

图 5.13　吴王靠

图 5.14　吴王靠实例

(2)座凳楣子

座凳楣子是指没有靠背的简易座凳围栏,一般置于走廊檐柱之间,由座凳板、座凳脚和凳下挂落等报组成。其中座凳板厚 4 cm 左右,安置高度为 45～50 cm,如图 5.15、图 5.16 所示。

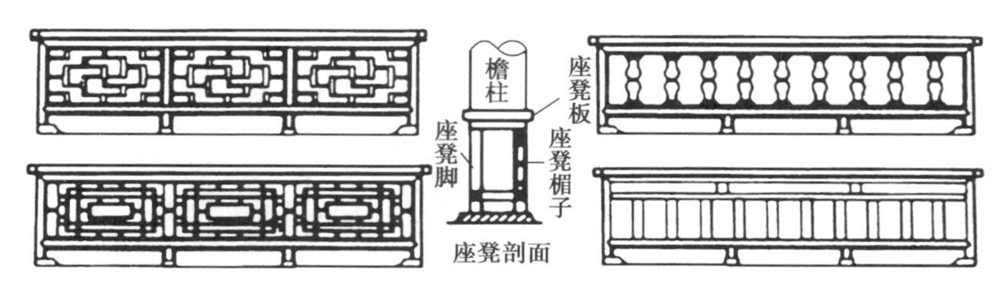

图 5.15　座凳楣子

图 5.16　座凳楣子实例

4) 杂项

(1) 石灯笼

石灯笼最早雏形是中国供佛时点的灯，也就是供灯的形式。目前，石灯笼常被作为茶室的一种露天装饰物而广泛进入庭院装饰。随着石灯笼用途的改变，石灯笼的样式也就更加多样化，如图 5.17 所示。

(2) 塑树皮

用在园林景观工程中，是一种塑料制品的树皮。常见于园林中的栏杆或桌凳中，凳子为树桩形，外面的树皮是塑料制品，称为塑树皮，如图 5.18 所示。

图 5.17　石灯笼

图 5.18　塑树皮

(3) 铁艺护栏

在园林中，到处都可以看到形式各异、美轮美奂金属铁艺护栏。铁艺护栏具有特点鲜明、风格质朴、经济实用、工艺简便和自然美的特点。按铁艺的实用性分为家用装饰铁艺、工程建筑铁艺、铁艺工艺品、围栏式铁艺等种类，如图 5.19 所示。

(4) 标志牌

标志牌，融合规划、建筑、空间、雕塑、逻辑、色彩、美学、材质组合于一体的产物，它既不是简单的文字，更不是所谓的牌子，它是与环境相融的独一无二的艺术作品。它具有象征性、方向性、暗示性等功能，常见类型有木质标志牌、亚克力标志牌、金属标志牌等，如图5.20 所示。

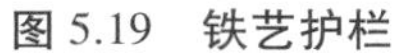
图 5.19 铁艺护栏

图 5.20 标志牌

5.2 清单项目划分

根据《园林绿化工程工程量计算规范(GB 50858—2013)广西壮族自治区实施细则》将园林景观工程划分堆塑假山、原木竹构件、亭廊屋面、花架、园林桌椅、水池、杂项等 7 个项目。工程量清单项目设置及工程量计算规则,应按表 5.1 的规定执行(详见表 5.1—表 5.7)。

表 5.1 堆塑假山(编码:050301)

项目编码	项目名称	项目特征	计量单位	工程量计算规则	工程内容
050301001	堆筑土山丘	1.土丘高度 2.土丘坡度要求 3.土丘底外接矩形面积	m^3	按设计图示山丘水平投影外接矩形面积乘高度的 1/3 以体积计算	1.取土 2.运土 3.堆砌、夯实 4.修整
050301002	堆砌石假山	1.堆砌高度 2.石料种类、单块质量 3.混凝土强度等级 4.砂浆强度等级、配合比	t	按设计图示尺寸以质量计算	1.选料 2.起重架搭、拆 3.堆砌、修整
050301003	塑假山	1.假山高度 2.骨架材料种类、规格 3.山皮料种类 4.混凝土强度等级 5.砂浆强度等级、配合比 6.表面着色处理 7.防护材料种类	m^2	按设计图示尺寸以展开面积计算	1.骨架制作 2.假山胎模制作 3.塑假山 4.山皮料安装 5.着色处理 6.刷防护材料

续表

项目编码	项目名称	项目特征	计量单位	工程量计算规则	工程内容
050301004	石笋	1.石笋高度 2.石笋材料种类 3.砂浆强度等级、配合比	支	以块(支、个)计量,按设计图示数量计	1.选石料 2.石笋安装
050301005	点风景石	1.石料种类 2.石料规格、质量 3.砂浆配合比	t	按设计图示石料质量计算	1.选石料 2.起重架搭、拆 3.点石
050301006	池石、盆景置石	1.底盘种类 1.山石高度 2.山石高度 3.山石种类 4.混凝土砂浆强度等级 5.砂浆强度等级、配合比	t	按设计图示石料质量计算	1.底盘制作安装 2.池石、盆景山石安装、砌筑
桂050301009	山(卵)石护角	1.石料种类、规格 2.砂浆配合比	t	按设计图示石料质量计算	1.石料加工 2.砌石
桂050301010	山坡(卵)石台阶	1.石料种类、规格 2.台阶坡度 3.砂浆强度等级	t	按设计图示石料质量计算	1.选石料 2.台阶砌筑

表 5.2 原木、竹构件(编码:050302)

项目编码	项目名称	项目特征	计量单位	工程量计算规则	工程内容
050302002	原木(带树皮)墙	1.原木种类 2.原木直(梢)径(不含树皮厚度) 3.墙龙骨材料种类、规格 4.墙底层材料种类、规格 5.构件连接方式 6.防护材料种类	m^2	按设计图示尺寸以面积(不包括柱、梁)计算	1.构件制作 2.构件安装 3.刷防护材料
050302003	树枝吊挂楣子			按设计图示尺寸以框外围面积计算	1.构件制作 2.构件安装 3.刷防护材料
050302004	竹柱、梁、檩、椽	1.竹种类 2.竹直(梢)径 3.连接方式 4.防护材料种类	m	按设计图示以长度计算	1.构件制作 2.构件安装 3.刷防护材料
050302005	竹编墙	1.竹种类 2.墙龙骨材料种类、规格 3.墙底层材料种类、规格 4.防护材料种类	m^2	按设计图示尺寸以面积计算(不包括柱、梁)	1.构件制作 2.构件安装 3.刷防护材料

续表

项目编码	项目名称	项目特征	计量单位	工程量计算规则	工程内容
050302006	竹吊挂楣子	1.竹种类 2.竹梢径 3.防护材料种类	m^2	按设计图示尺寸以框外围面积计算	1.构件制作 2.构件安装 3.刷防护材料
桂 050302007	原木(带树皮)柱、梁、檩、椽	1.原木种类 2.原木直(梢)径(不含树皮厚度) 3.墙龙骨材料种类、规格 4.墙底层材料种类、规格 5.构件连接方式 6.防护材料种类	m^3	按设计长度、直径查国家标准《原木材积表》(GB/T 4814—2013)以体积计算	1.构件制作 2.构件安装 3.刷防护材料
桂 050302008	竹(木)栏杆	1.材料种类、规格 2.栏杆样式 3.构件连接方式 4.防护材料种类	m^2	按设计图示尺寸正立面投影面积计算	1.构件制作 2.构件安装 3.刷防护材料

表 5.3　亭廊屋面(编码:050303)

项目编码	项目名称	项目特征	计量单位	工程量计算规则	工程内容
050303001	草屋面	1.屋面坡度 2.铺草种类 3.竹材种类 4.防护材料种类	m^2	按设计图示尺寸以斜面面积计算	1.整理、选料 2.屋面铺设 3.刷防护材料
050303002	竹屋面			按设计图示尺寸以实铺面积计算(不包括柱、梁)	
050303003	树皮屋面			按设计图示尺寸以屋面结构外围面积计算	
050303004	油毡瓦屋面	1.冷底子油品种 2.冷底子油涂刷遍数 3.油毡瓦颜色规格	m^2	按设计图示尺寸以斜面面积计算	1.清理基层 2.材料裁接 3.刷油 4.铺设
050303005	预制混凝土穹顶	1.穹顶弧长、直径 2.肋截面尺寸 3.板厚 4.混凝土强度等级 5.拉杆材质、规格 6.砂浆强度等级	m^3	按设计图示尺寸以体积计算。混凝土脊和穹顶的肋、基梁并入屋面体积内	1.模板制作、运输、安装、拆除、保养 2.混凝土制作、运输、浇筑、振捣、养护 3.构件运输、安装 4.砂浆制作、运输 5.接头灌缝、养护

续表

项目编码	项目名称	项目特征	计量单位	工程量计算规则	工程内容
050303006	彩色压型钢板(夹心板)攒尖亭屋面板	1.屋面坡度 2.穹顶弧长、直径 3.彩色压型钢板(夹心板)品种、规格、品牌、颜色 4.拉杆材质、规格 5.嵌缝材料种类 6.防护材料种类	m^2	按设计图示尺寸以实铺面积计算	1.压型板安装 2.护角、包角、泛水安装 3.嵌缝 4.刷防护材料
050303007	彩色压型钢板(夹心板)穹顶				
050303008	玻璃屋面	1.屋面坡度 2.龙骨材质、规格 3.玻璃材质、规格 4.防护材料种类	m^2	按设计图示尺寸[illegible]	1.制作 2.运输 [illegible]装
050303009	木(防腐木)屋面	1.木(防腐木)种类 2.防护层处理	m^2	[illegible]	[illegible]作 [illegible]输 [illegible]装
桂050303010	板瓦屋面	瓦种类、规格、尺寸	m^2	按[illegible] 以斜面面积计算	[illegible] [illegible] 3.清理 4.抹净

表 5.4　花架(编码:050304)

项目编码	项目名称	项目特征	计量单位	工程量计算规则	工程内容
050304001	现浇混凝土花架柱、梁	1.柱截面、高度、根数 2.盖梁截面、高度、根数 3.连系梁截面、高度、根数 4.混凝土强度等级	m^3	按设计图示尺寸以体积计算	1.模板制作、运输、安装、拆除、保养 2.混凝土制作、运输、浇筑、振捣、养护
050304002	预制混凝土花架柱、梁	1.柱截面、高度、根数 2.盖梁截面、高度、根数 3.连系梁截面、高度、根数 4.混凝土强度等级 5.砂浆配合比	m^3	按设计图示尺寸以体积计算	1.模板制作、运输、安装、拆除、保养 2.混凝土制作、运输、浇筑、振捣、养护 3.构件制作、运输、安装 4.砂浆制作、运输 5.接头灌缝、养护

续表

项目编码	项目名称	项目特征	计量单位	工程量计算规则	工程内容
050304003	金属架柱、梁	1.钢材品种、规格 2.柱、梁截面 3.油漆品种、刷漆遍数	t	按设计图示截面乘长度(包括榫长)以体积计算	1.构件制作、运输 2.安装 3.油漆
050304004	木花架柱、梁	1.木材种类 2.柱、梁截面 3.连接方式 4.防护材料种类	m^3	按设计图示截面乘长度(包括榫长)以体积计算	1.构件制作、运输、安装 2.刷防护材料、油漆
050304005	竹花架柱、梁	1.竹种类 2.竹胸径 3.油漆品种、刷漆遍数	m	按设计图示花架构建尺寸以延长米计算	1.制作 2.运输 3.安装 4.油漆

表 5.5　园林桌椅(编码:050305)

项目编码	项目名称	项目特征	计量单位	工程量计算规则	工程内容
050305001	预制钢筋混凝土飞来椅	1.座凳面厚度、宽度 2.靠背扶手截面 3.靠背截面 4.座凳楣子形状、尺寸 5.混凝土强度等级 6.砂浆配合比	m	按设计图示尺寸以坐凳中心线长度计算	1.模板制作、运输、安装、拆除、保养 2.混凝土制作、运输、浇筑、振捣、养护 3.构件制作、运输、安装 4.砂浆制作、运输 5.接头灌缝、养护
050305002	水磨石飞来椅	1.座凳面厚度、宽度 2.靠背扶手截面 3.靠背截面 4.座凳楣子形状、尺寸 5.砂浆配合比	m	按设计图示尺寸以坐凳中心线长度计算	1.砂浆制作、运输 2.制作 3.运输 4.安装
050305003	竹制飞来椅	1.竹材种类 2.座凳面厚度、宽度 3.靠背扶手截面 4.靠背截面 5.座凳楣子形状 6.铁件尺寸、厚度 7.防护材料种类	m	按设计图示尺寸以坐凳中心线长度计算	1.座凳面、靠背扶手、靠背、楣子制作、安装 2.铁件安装 3.刷防护材料

续表

项目编码	项目名称	项目特征	计量单位	工程量计算规则	工程内容
050305004	现浇混凝土桌凳	1.桌凳形状 2.基础尺寸、埋设深度 3.桌面尺寸、支墩高度 4.凳面尺寸、支墩高度 5.混凝土强度等级、砂浆配合比	个	按设计图示数量计算	1.模板制作、运输、安装、拆除、保养 2.混凝土制作、运输、浇筑、振捣、养护 3.砂浆制作、运输
050305005	预制混凝土桌凳	1.桌凳形状 2.基础形状、尺寸、埋设深度 3.桌面形状、尺寸、支墩高度 4.凳面尺寸、支墩高度 5.混凝土强度等级 6.砂浆配合比	个	按设计图示数量计算	1.模板制作、运输、安装、拆除、保养 2.混凝土制作、运输、浇筑、振捣、养护 3.构件制作、运输、安装 4.砂浆制作、运输 5.接头灌缝、养护
050305006	石桌石凳	1.石材种类 2.基础形状、尺寸、埋设深度 3.桌面形状、尺寸、支墩高度 4.凳面尺寸、支墩高度 5.混凝土强度等级 6.砂浆配合比	个	按设计图示数量计算	1.土方挖运 2.桌凳制作 3.桌凳运输 4.桌凳安装 5.砂浆制作、运输
050305007	水磨石桌凳	1.基础形状、尺寸、埋设深度 2.桌面形状、尺寸、支墩高度 3.凳面尺寸、支墩高度 4.混凝土强度等级 5.砂浆配合比	个	按设计图示数量计算	1.桌凳制作 2.桌凳运输 3.桌凳安装 4.砂浆制作、运输

续表

项目编码	项目名称	项目特征	计量单位	工程量计算规则	工程内容
050305008	塑树根桌凳	1.桌凳直径 2.桌凳高度 3.砖石种类 4.砂浆强度等级、配合比 5.颜料品种、颜色	个	按设计图示数量计算	1.砂浆制作、运输 2.砖石砌筑 3.塑树皮 4.绘制木纹
050305009	塑树节椅				
050305010	塑料、铁艺、金属椅	1.木座板面截面 2.座椅规格、颜色 3.混凝土强度等级 4.防护材料种类	个	按设计图示数量计算	1.制作 2.安装 3.刷防护材料

表 5.6　喷泉安装(编码:050306)

项目编码	项目名称	项目特征	计量单位	工程量计算规则	工程内容
050306001	喷泉管道	1.管材、管件、阀门、喷头品种 2.管道固定方式 3.防护材料种类	m	按设计图示管道中心线长度以延长米计算,不扣除检查(阀门)井、阀门、管件及附件所占的长度	1.土(石)方挖运 2.管道、管件、阀门、喷头安装 3.刷防护材料 4.回填
050306002	喷泉电缆	1.保护管品种、规格 2.电缆品种、规格	m	按设计图示单根电缆长度以延长米计算	1.土(石)方挖运 2.电缆保护管安装 3.电缆敷设 4.回填
050306003	水下艺术装饰灯具	1.灯具品种、规格 2.灯光颜色	套	按设计数量计算	1.灯具安装 2.支架制作、运输、安装
050306004	电气控制柜	1.规格、型号 2.安装方式	台	按设计数量计算	1.电气控制柜(箱)安装 2.系统调试
050306005	喷泉设备	1.设备品种 2.设备规格、型号 3.防护网品种、规格	台	按设计数量计算	1.设备安装 2.系统调试 3.防护网安装

表 5.7 杂项(编码:050307)

项目编码	项目名称	项目特征	计量单位	工程量计算规则	工程内容
050307001	石灯	1.石料种类 2.石灯最大截面 3.石灯高度 4.砂浆配合比	个	按设计图示数量计算	1.制作 2.安装
050307002	石球	1.石料种类 2.球体 直径 3.砂浆配合比	个	按设计图示数量计算	1.制作 2.安装
050307003	塑仿石音箱	1.音箱石内空尺寸 2.铁丝型号 3.砂浆配合比 4.水泥漆品牌、颜色	个	按设计图示数量计算	1.胎模制作、安装 2.铁丝网制作、安装 3.砂浆制作、运输 4.喷水泥漆 5.埋置仿石音箱
050307004	塑树皮梁、柱	1.塑树种类 2.塑竹种类 3.砂浆配合比 4.颜料品种、颜色	1. m^2 2. m	1.以 m^2 计量,按设计图示尺寸以梁柱外表面积计算 2.以 m 计量,按设计图示尺寸以构件长度计算	1.灰塑 2.刷涂颜料
050307005	塑竹梁、柱				
050307006	铁艺栏杆	1.铁艺栏杆高度 2.铁艺栏杆单位长度、质量 3.防护材料种类	m	按设计图示以长度计算	1.铁艺栏杆安装 2.刷防护材料
050307007	塑料栏杆	1.栏杆高度 2.塑料种类	m	按设计图示以长度计算	1.下料 2.安装 3.校正
050307008	钢筋混凝土艺术围栏	1.围栏高度 2.混凝土强度等级 3.表面涂敷材料种类	m	按设计图示以长度计算	1.制作 2.运输 3.安装 4.砂浆制作、运输 5.接头灌缝、养护
050307009	标志牌	1.材料种类、规格 2.镌字规格、种类 3.喷字规格、颜色 4.油漆品种、颜色	个	按设计数量计算	1.选料 2.标志牌制作 3.雕凿 4.镌字、喷字 5.运输、安装 6.刷油漆

续表

项目编码	项目名称	项目特征	计量单位	工程量计算规则	工程内容
050307010	景墙	1.土质类别 2.垫层材料种类 3.基础材料种类、规格 4.墙体材料种类、规格 5.墙体厚度 6.混凝土、砂浆强度等级、配合比	m^3	按设计图示尺寸以体积计算	1.土(石)方挖运 2.垫层、基础铺设 3.墙体砌筑 4.面层铺贴
050307011	景窗	1.景窗材料品种、规格 2.混凝土强度等级 3.砂浆强度等级、配合比 4.涂刷材料品种	m^2	按设计图示尺寸以面积计算	1.制作 2.运输 3.砌筑安放 4.勾缝 5.表面涂刷
050307012	花饰	1.花饰材料品种、规格 2.砂浆配合比 3.涂刷材料品种			
050307013	博古架	1.博古架材料品种、规格 2.混凝土强度等级 3.砂浆配合比 4.涂刷材料品种	1. m^2 2. m 3.个	1.以 m^2 计量,按设计图示尺寸以面积计算 2.以 m 计量,按设计图示尺寸以延长米计算 3.以个计量,按设计图示数量计算	1.制作 2.运输 3.砌筑安放 4.勾缝 5.表面涂刷
050307014	花盆(坛、箱)	1.花盆(坛)的材质及类型 2.规格尺寸 3.混凝土强度等级 4.砂浆配合比	个	按设计图示尺寸以数量计算	1.制作 2.运输 3.安放
050307017	垃圾箱	1.垃圾箱材质 2.规格尺寸 3.混凝土强度等级 4.砂浆配合比	个	按设计图示尺寸以数量计算	1.制作 2.运输 3.安放

续表

项目编码	项目名称	项目特征	计量单位	工程量计算规则	工程内容
050307018	砖石砌小摆设	1.砖种类、规格 2.石种类、规格 3.砂浆强度等级、配合比 4.石表面加工要求 5.勾缝要求	1. m^3 2.个	1.以 m^3 计量，按设计图示尺寸以体积计算 2.以个计量，按设计图示尺寸以数量计算	1.砂浆制作、运输 2.砌砖、石 3.抹面、养护 4.勾缝 5.石表面加工
050307019	其他景观小摆设	1.名称及材质 2.规格尺寸	个	按设计图示尺寸以数量计算	1.制作 2.运输 3.安装
050307020	柔性水池	1.水池深度 2.防水（漏）材料品种	m^2	按设计图示尺寸以水平投影面积计算	1.清理基层 2.材料裁接 3.铺设
桂050307021	栏杆柱	1.材料种类、规格 2.柱高度 3.混凝土强度等级、砂浆配合比	m^3	按设计图示尺寸以体积计算	1.就位安装 2.校正 3.固定
桂050307022	铁链安装	铁链规格、形状	m	按展开长度计算	铁链安装
桂050307023	仿木纹板	1.混凝土强度等能 2.砂浆配合比 3.面层磨光要求	m^2	按设计图示尺寸以面积计算	1.模板制作、安装、拆除 2.钢筋制作、绑扎、安装 3.混凝土搅拌、浇捣、养护 4.砂浆抹平 5.构件养护 6.面层磨光、打蜡擦光 7.现场安装
桂050307024	上山运输费	1.上山高度 2.现场上山道路情况	t	按运输材料重量以t计取	人工运材料包括装、运、卸材料

5.3 定额项目划分

《广西壮族自治区园林绿化及仿古建筑工程消耗量定额　第一册　园林绿化工程》将园林景观工程按工程内容划分为堆塑假山、原木竹构件、亭廊屋面、花架、园林桌椅、水池、杂项、材料上山运输费等8个部分，各部分又按工作内容划分子项，其分类见表5.8所示。

表 5.8 定额项目分类表

内容	大节	小节	包含的主要项目
堆塑假山	堆砌假山	湖石假山	湖石假山 高度在 1~4 m 以内
		黄石假山	黄石假山 高度在 1~4 m 以内
		斧劈石假山	斧劈石假山 高度在 2~4 m 以内
		片状青石假山	片状青石假山 高度在 1~4 m 以内
		吸水石假山	吸水石假山 高度在 1~4 m 以内
		山石护角	山石护角
	置石	人造湖石峰	人造湖石峰 高度在 3~4 m 以内
		人造黄石峰	人造黄石峰 高度在 2~4 m 以内
		整块湖石峰	整块湖石峰
		石笋安装	石笋安装 高度在 2~4 m 以内
		布置景石	布置景石 单件质量在 1~12 t 以内
		土山点石	土山点石 土山高度在 2~4 m 以内
		池山、盆景山	池山、盆景山
	塑假山石	砖骨架塑假山	砖骨架塑假山 高度在 2.5~10 m 以内
		钢骨架钢网塑假山	钢骨架钢网塑假山
		塑假山钢骨架制作安装	塑假山钢骨架制作安装
		塑假山表面着色处理	塑假山表面着色处理
原木、竹构件	原木柱、梁、檩、椽制作安装	原木柱、梁、檩	原木柱、梁、檩 梢径(10~40 cm 以内)
		原木椽	原木椽 梢径(7~9 cm 以内)
	吊挂楣子	吊挂楣子 原木树枝	吊挂楣子 原木树枝 梢径(3~5 cm)或梢径(5~8 cm)
		吊挂楣子 竹	吊挂楣子 竹
	原木墙、竹墙	原木墙	原木墙 梢径(10 cm 以内) 或梢径(20 cm 以内)
		竹编墙	竹编墙
	竹栏杆	竹栏杆	竹栏杆 高度(50~80 cm 以内) 或高度(80 cm 以上)
亭廊屋面	草皮屋面	草皮屋面	草皮屋面 山草 铺设厚度 15 cm 或草皮屋面 茅草 铺设厚度 15 cm
	树皮屋面	树皮屋面	树皮屋面
	竹屋面	竹杆屋面	竹杆屋面 檐口杆径(5~8 cm 以内) 或檐口杆径(8~10 cm 以内)
		竹片屋面	竹片屋面
	原木屋面	原木屋面	原木屋面 檐口直径(6~8 cm 以内)、檐口直径(8~10 cm 以内) 和檐口直径(10~12 cm 以内)

续表

内容	大节	小节	包含的主要项目
亭廊屋面	彩钢板屋面	彩色压型钢板屋面	彩色压型钢板屋面 板厚在 0.6~1 mm 攒尖、穹式、直坡式和圆拱式
		轻质隔热彩钢夹芯板屋面	轻质隔热彩钢夹芯板屋面 板厚(40~100 mm)
	板瓦屋面	板瓦屋面	平板瓦、英红瓦、双筒瓦、S 形板瓦和波形瓦
花架	预制混凝土花架	花架制作	花架制作 柱、梁、檩
		花架安装	花架安装
	木制花架	木制花架	木制花架 柱、梁、檩条
	金属花架	金属花架制作安装	金属花架制作安装 柱、梁、檩条
		金属零星构件	金属零星构件 制作安装
	竹制花架	竹制花架	竹制花架 柱、梁、檩、椽
园林桌椅	木制椅凳	吴王靠制作安装	吴王靠制作安装 竖芯式、宫式和葵式
		座凳面	座凳面 厚 5 cm 或每增厚 1 cm
		座凳楣子	座凳楣子 西洋瓶或直棂条
	石桌石凳安装	石桌安装	石桌安装
		石凳安装	石凳安装 长 150 cm 以内
	混凝土吴王靠	吴王靠制作安装	吴王靠制作安装 简式或繁式
水池	水池	水池底	水池底
		水池壁	水池壁 壁厚(15 cm 或 20 cm 以内)、水池壁曲线
杂项	石灯笼、石音箱安装	石灯笼安装	石灯笼安装 250 mm×250 mm×450 mm 以内、300 mm×300 mm×550 mm 以内、400 mm×400 mm×650 mm 以内和 400 mm×400 mm×650 mm 以上
		仿石音箱安装	仿石音箱安装 20 mm×20 mm×30 cm 以内、25 mm×25 mm×35 cm 以内、30 mm×30 mm×45 cm 以内和 30 mm×30 mm×45 cm 以上
	塑树皮	塑松(杉)树皮	塑松(杉)树皮
		塑树根	塑树根 直径(15 cm 以内)或直径(25 cm 以内)
		塑树干	塑树干 直径(20 cm 以内) 或直径(30 cm 以内)
	塑竹	塑黄竹	塑黄竹 直径(10 cm 以内)或直径(15 cm 以内)
		塑金丝竹	塑金丝竹 直径(10 cm 以内)或直径(15 cm 以内)
		塑竹节、竹片	塑竹节、竹片
	铁艺、复合材料艺术栏杆安装	铁艺栏杆安装	铁艺栏杆安装 高度(0.6~1.8 m 以内)
		石柱铁链栏杆	石柱铁链栏杆 石柱安装或铁链安装

续表

内容	大节	小节	包含的主要项目
杂项	标志牌	木标志牌	木标志牌 制作 带雕花边框、素边框、刻字和混色油漆(醇酸磁漆)
	水磨木纹板	水磨木纹板	水磨木纹板 制作或安装
		非水磨(原色)木纹板	非水磨(原色)木纹板 制作或安装
	装饰面层	抹灰	立面抹灰、天棚面抹灰 水泥砂浆 20 mm 或每增减 1 mm、装饰线条抹灰 水泥砂浆
		刮腻子、涂料	刮腻子 聚乙烯醇 墙面、梁、柱、天棚面、 刮腻子 117 胶 墙面、梁、柱、天棚面、 刮钢化涂料 墙面、梁、柱、天棚面
		喷涂料	喷仿石涂料 墙面或柱面、 喷防水涂料 墙面或柱面
		立面装饰	石材、陶瓷面砖立面装饰 粘贴石材面、挂贴石材面或粘贴陶瓷面砖 墙面贴卵石 拼花或素色 其他立面装饰 斩假石、干粘石、水磨石和水刷石
材料上山运输费	人工运输	材料上山运输(人工) 山体平均垂直高度	材料上山运输(人工) 山体平均垂直高度 10~30 m、30~50 m、50~80 m 和 80~100 m
		每增加 20 m	每增加 20 m

5.4 工程量计算规则

(1)堆塑假山

①堆砌假山、湖(黄)石峰、土山点石、布置景石、池山、盆景山工程量,按实际堆砌石料以 t 计算。计算公式如下:

堆砌假山工程量(t)= 进料验收数量−进料剩余数量

②石笋以支计算。

③塑假石山、塑假山表面着色处理的工程量按其外围表面积以 m^2 计算。

④塑假山钢骨架制作、安装工程量,按设计图示尺寸以质量计算。不扣除孔眼、切边、切肢的质量,焊条、铆钉、螺栓等不另增加质量。不规则或多边形钢板,以其外接矩形面积乘以厚度乘以单位理论质量计算。

(2)原木、竹构件

①原木(带树皮)柱、梁、檩、椽、墙为保持自然风格均为带树皮原木构件,以梢径按材积表计算为准,以 m^3 计算。

②原木墙、竹编墙(不含柱、梁)按设计图示尺寸以 m^2 计算。

③吊挂楣子按设计图示尺寸以框外围面积计算。

(3)亭廊屋面

①草屋面、树皮屋面、原木屋面、竹屋面按设计图示尺寸以斜面面积计算,不包括檩、椽,应另行计算。茅草、草绳、树皮用量可按实际用量调整。

②彩色钢板(夹芯板)屋面按设计图示尺寸以斜面积计算。

③亭面铺板瓦均按设计图示尺寸以斜面积计算。檐瓦、脊瓦按设计图示尺寸以长度(斜长)计算。

(4)花架

木质花架、混凝土花架按设计尺寸以 m^3 计算,金属花架以 t 计算,竹制花架按 m 计算。

(5)园林桌椅

①吴王靠按靠背长度以延长米计算,伸入墙、柱部分不计算长度;包括靠背和坐凳板的制作安装,坐凳脚和仔栏杆另行计算。

②木制座凳楣子按凳下挂落边抹外围面积,以 m^2 计算。座凳楣子的落地脚已包括在定额内,不得另外计算。

③如设计采用座凳楣子与木构件中吊挂楣子形式对应,按木构件相应吊挂楣子子目执行。坐凳板另行计算。

④混凝土吴王靠预制按靠背长度以延长米计算,伸入墙、柱部分不计算长度。

⑤预制混凝土吴王靠仅含靠背制作安装,其坐凳板按平板定额计算,坐凳脚和仔栏杆另行计算。

(6)水池

水池池底、池壁按设计图示尺寸以 m^3 计算。

(7)杂项

①石灯笼、石音箱按成品以个计算。

②塑松树皮、杉树皮、塑竹节、竹片,均按设计图示尺寸展开面积以 m^2 计算;塑树根、树干、竹按设计图示尺寸以延长米计算。

③铁艺、复合材料栏杆以延长米计算。

④铁链安装以延长米计算,固定铁链安装的栏杆石柱以 m^3 计算。

⑤标志牌制作按设计图示尺寸以 m^2 计算。

⑥水磨木纹板按设计图示尺寸以 m^2 计算。

⑦立面抹灰,按展开面积计算。

⑧天棚抹灰。抹灰面积以主墙间的净空面积计算,不扣除间壁墙、垛、柱所占的面积。带有钢筋混凝土梁的天棚,其梁的两侧面积,并入天棚抹灰工程量内计算。梁和井字梁天棚抹灰面积,以展开面积计算(井字梁天棚指井内面积在 5 m^2 以内者)。天棚抹灰包括小圆角工料在内。如带有装饰线脚者,以延长米计算。檐口天棚的抹灰,并入相同的天棚抹灰工程量内计算。

⑨装饰线条按设计图示尺寸以延长米计算。适用于窗台线、门窗套、挑檐、腰线、扶手、压顶、遮阳板、宣传栏边框等凸出墙面或抹灰面展开宽度小于 300 mm 以内的竖、横线条抹灰。

⑩涂料面层根据设计种类按图示尺寸以 m^2 计算。

⑪立面块料面层均按图示尺寸以实贴面积计算。

⑫园林小型设施抹灰面,均按图示尺寸展开面积以 m^2 计算。

(8)材料上山运输费用

①高度按地面到工作面的垂直距离计算,10 m 以下不计上下山费,不包括上山后的水平距离运输。

②上山人工运输为有台阶上山路,如为无台阶的土坡上山路,可以按定额人工数量乘以 2 系数进行调整。

5.5 计价注意事项

①本章定额包括堆塑假山、原木竹构件、亭廊屋面、花架、园林桌椅、水池、杂项、材料上山运输费。

②堆塑假山:

a.本节包括堆砌假山、置石、塑假石山。除注明者外,均未包括基础,发生时按相应章节项目执行。

b.人造湖石峰、人造黄石峰的高度,从峰底地坪算至峰顶,峰石、石笋的高度,按其石料长度计算。

c.砖骨架的塑假石山,如设计要求做部分钢筋混凝土骨架时,应进行换算。钢骨架钢网塑假石山未包括基础、脚手架的工料机,发生时按相应章节项目执行。

d.堆砌假山如使用铁件,可另行计算。

③原木、竹构件:

a.原木构件是指不削树皮的原木制作成的构件。

b.带树皮墙的木龙骨、木基面可参照建筑消耗量定额相应项目计算。

④亭廊屋面(略)。

⑤花架,定额中的木构件均以刨光为准。

⑥园林桌椅:

a.吴王靠背制作安装包括扶手、靠背及在座凳面(平盘)上凿卯眼,与柱拉结的铁件安装用工也包括在定额内。

b.预制混凝土吴王靠含木模板制作安装。

⑦水池,混凝土水池池底面积在 20 m^2 以内者,其池底和池壁的人工乘 1.25 系数。

⑧杂项:

a.定额子目中的砂浆按常用种类、强度等级列出,如与设计不同时,可以换算。

b.抹灰不分等级,定额水平已根据园林建筑质量要求较高的情况综合考虑。编制预算时,均按定额执行。

c.油漆人工中已包括配料、调色油漆人工在内,如使用成品漆,均按本定额执行。

d.定额中规定的抹灰厚度,一般不得换算,如设计图纸对厚度有明确要求时,可以换算。

e.水泥白石子浆,如设计采用白水泥、有色石子,可按定额配合比的数量换算;如用颜料时用量按水泥用量的8%计算。

f.镶贴块料面层中若遇弧形墙贴砖时,人工乘以 1.18 系数。

g.标志牌的安装费用按实际发生另计。

h.塑树根和树干按一般造型考虑,若艺术造型(如树枝、老松皮、寄生等)另行计算。

i.装饰线条适用于窗台线、门窗套、挑檐、腰线、扶手、压顶、遮阳板、宣传栏边框等凸出墙面或抹灰面展开宽度小于 300 mm 以内的竖、横线条抹灰。

5.6 工程案例

［例 5.1］ 某公园需要人造假山。已知假山平面轮廓的水平投影面积为 6.65 m^2，根据具体的高度尺寸标注如图 5.21 所示，石材为太湖石，石材间用 1∶2.5 水泥砂浆勾缝堆砌，试计算分部分项工程量清单综合单价。

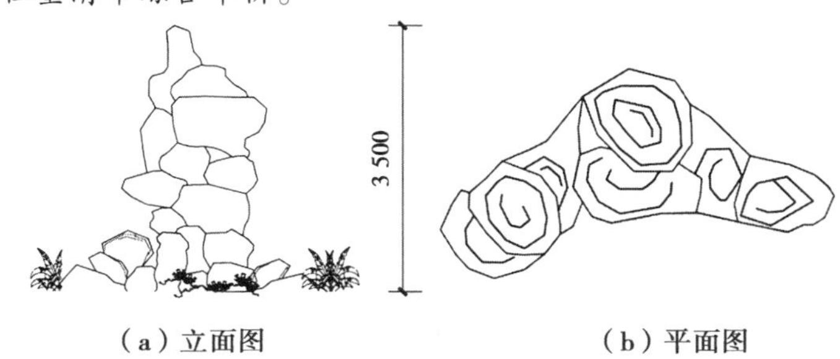

（a）立面图 （b）平面图

图 5.21 假山

［解］ 堆砌石假山工程量计算公式如下：

$$W = AHRK_n$$

式中 W——石料质量，t；

A——假山平面轮廓的水平投影面积，m^2；

H——假山着地点至最高点的垂直距离，m；

R——石料比重，黄（杂）石 2.6 t/m^3，湖石 2.2 t/m^3；

K_n——折算系数，高度在 2 m 以内 K_n = 0.65，高度在 4 m 以内 K_n = 0.56。

堆砌石假山工程量 = 6.65×3.5×2.2×0.56 = 28.675（t）

分部分项工程量清单综合单价分析表见表 5.9。

表 5.9 工程量清单综合单价分析表

工程名称：堆砌假山工程

序号	项目编码	项目名称及项目特征描述	单位	工程量	综合单价/元	综合单价				
						人工费	材料费	机械费	管理费	利润
分部分项工程										
1	050301002001	堆砌石假山 1.堆砌高度：3.5 m 2.石料种类、单块重量：太湖石 3.砂浆强度等级、配合比：1∶2.5	t	28.675	1 843.42	739.60	820.01	25.91	167.19	90.71

续表

序号	项目编码	项目名称及项目特征描述	单位	工程量	综合单价/元	综合单价				
						人工费	材料费	机械费	管理费	利润
	D1-574 换	湖石假山 高度在(4 m 以内){碎石 GD20 中砂 水泥 42.5 C20}	t	28.675	1 843.42	739.60	820.01	25.91	167.19	90.71

[**例** 5.2] 根据图 5.22 所给的某公园内的毛竹制园亭(单位:mm),请计算该亭子的分部分项工程量清单综合单价。

设计要求规定:

①该亭子的直径为 3 m,柱子直径为 10 cm,共有 6 根。

②竹子梁的直径为 10 cm,水平梁(直线型)、斜梁各 6 根。

③竹檩条的直径为 6 cm,长 1 m,共 6 根。

④竹子椽条的直径为 4 cm,长 1.2 m,共 64 根。

⑤屋顶为竹片屋面,檐口出挑 30 cm,并在水平梁下安装竹制吊挂楣子,高 12 cm。

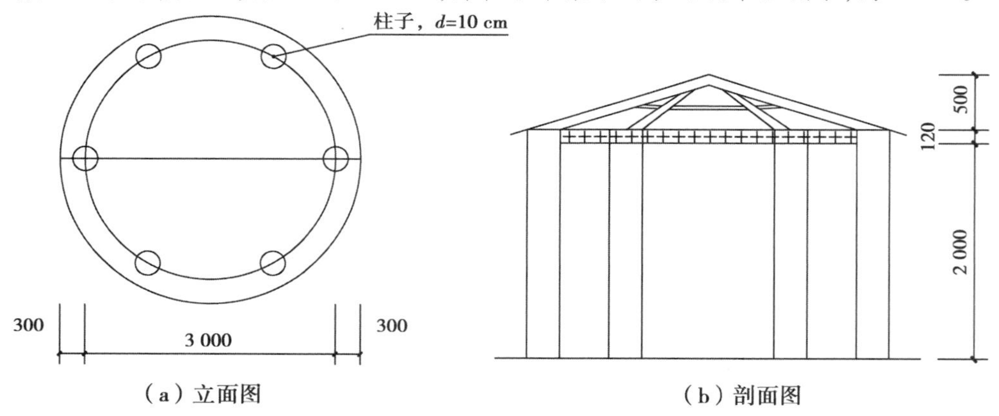

(a)立面图　(b)剖面图

图 5.22 园亭

[**解**] 分部分项工程量计算式详见表 5.10。

表 5.10 分部分项工程量计算表

编号	工程量计算式	单位	标准工程量
0503	竹制园亭		
050302004001	竹柱 1.竹种类:毛竹 2.竹直(梢)径:10 cm 3.连接方式:竹钉固定、竹篾绑	m	12.72
	2.12×6		12.72

续表

编号	工程量计算式	单位	标准工程量
050302004002	竹梁 1.竹种类:毛竹 2.竹直(梢)径:10 cm 3.连接方式:竹钉固定、竹篾绑	m	18.49
	(1.5+sqrt(1.5×1.5+0.5×0.5))×6		18.49
050302004003	竹檩 1.竹种类:毛竹 2.竹直(梢)径:10 cm 3.连接方式:竹钉固定、竹篾绑	m	6.00
	1×6		6.00
050302004004	竹椽 1.竹种类:毛竹 2.竹直(梢)径:10 cm 3.连接方式:竹钉固定、竹篾绑	m	76.80
	1.2×64		76.80
050302006001	竹吊挂楣子 1.竹种类:毛竹 2.竹韶径:85 mm	m^2	1.08
	1.5×0.12×6		1.08
050303002001	竹屋面 竹种类:毛竹 屋面坡度:1∶1.5	m^2	10.72
	//S 侧面积=π×r×l r 是底面半径,l 是母线长		
	3.14×(1.5+0.3)×(sqrt(1.5×1.5+0.5×0.5)+0.3×sqrt(1.5×1.5+0.5×0.5)/1.5)		10.72

分部分项工程量清单综合单价分析表见表5.11。

知识点:竹制花架或园亭按m计算;竹屋面按设计图示尺寸以斜面面积计算,不包括檩、椽。

表5.11 工程量清单综合单价分析表

工程名称:竹制园亭

序号	项目编码	项目名称及项目特征描述	单位	工程量	综合单价/元	综合单价				
						人工费	材料费	机械费	管理费	利润
分部分项工程										
	0503	竹制园亭								

续表

序号	项目编码	项目名称及项目特征描述	单位	工程量	综合单价/元	综合单价				
						人工费	材料费	机械费	管理费	利润
1	050302004001	竹柱 1.竹种类:毛竹 2.竹直(梢)径:10 cm 3.连接方式:竹钉固定、竹篾绑	m	12.72	19.43	12.64	2.53		2.76	1.50
	D1-659	竹制花架 柱 1.竹种类:毛竹 2.竹直(梢)径:10 cm	10 m	1.272	194.24	126.40	25.25		27.61	14.98
2	050302004002	竹梁 1.竹种类:毛竹 2.竹直(梢)径:10 cm 3.连接方式:竹钉固定、竹篾绑	m	18.49	10.22	5.28	3.16		1.15	0.63
	D1-660	竹制花架 梁	10 m	1.849	102.17	52.78	31.61		11.53	6.25
3	050302004003	竹檩 1.竹种类:毛竹 2.竹直(梢)径:10 cm 3.连接方式:竹钉固定、竹篾绑	m	6.00	7.13	3.06	3.04		0.67	0.36
	D1-661	竹制花架 檩	10 m	0.600	71.30	30.58	30.42		6.68	3.62
4	050302004004	竹椽 1.竹种类:毛竹 2.竹直(梢)径:10 cm 3.连接方式:竹钉固定、竹篾绑	m	76.80	4.70	2.89	0.84		0.63	0.34
	D1-662	竹制花架 椽	10 m	7.680	46.97	28.85	8.40		6.30	3.42
5	050302006001	竹吊挂楣子 1.竹种类:毛竹 2.竹梢径:85 mm	m^2	1.08	38.51	8.19	27.56		1.79	0.97
	D1-621	吊挂楣子 竹	m^2	1.08	38.51	8.19	27.56		1.79	0.97

续表

序号	项目编码	项目名称及项目特征描述	单位	工程量	综合单价/元	综合单价				
						人工费	材料费	机械费	管理费	利润
6	050303002001	竹屋面 竹种类:毛竹 屋面坡度:1∶1.5	m^2	10.72	72.69	33.31	28.16		7.27	3.95
	D1-632	竹片屋面	m^2	10.72	72.69	33.31	28.16		7.27	3.95

［**例** 5.3］ 根据图 5.23 所给的某园林树池平面、局部立面和剖面的尺寸(单位:mm),计算该树池的分部分项工程量清单综合单价。

［**解**］ ①周长(1.500−0.370)×4＝4.52(m)

②人工原土打夯:(0.06×2+0.24)×4.52＝1.63(m^2)

③砌砖:[(0.06×2+0.24)×0.1+0.24×0.8]×4.52＝(0.036+0.192)×4.52＝1.03(m^3)

④挖沟槽:(1.500−0.37)×4×(0.43+0.1)×(0.36+0.2×2)＝1.82(m^3)

⑤花岗岩贴面:0.37×4.52＝1.67(m^2)

⑥文化石:(1.5−0.03−0.03)×4×0.4＝2.3(m^2)

⑦磨边:1.5×4+0.76×4＝9.04(m)

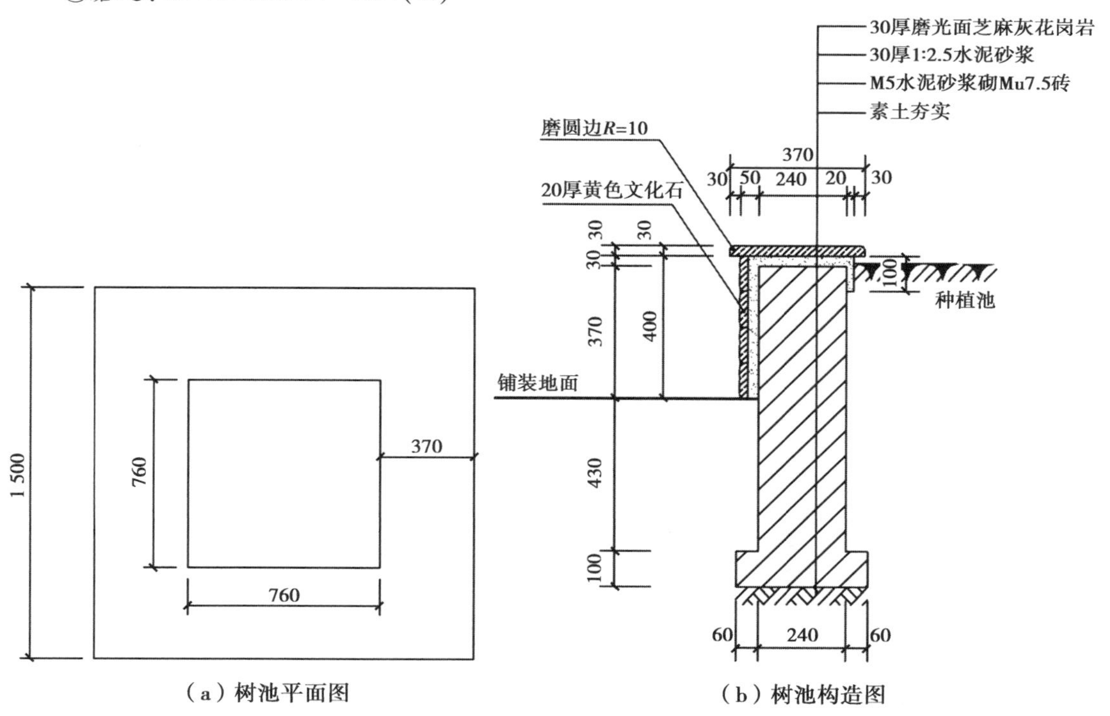

（a）树池平面图　（b）树池构造图

图 5.23 树池

分部分项工程量清单综合单价分析表见表 5.12。

知识点:注意找准树池的周长;对于高出地面铺装的石材贴面,注意选取立面的定额,不能套取路面面层的定额。

表 5.12　工程量清单综合单价分析表

工程名称:树池

序号	项目编码	项目名称及项目特征描述	单位	工程量	综合单价/元	综合单价				
						人工费	材料费	机械费	管理费	利润
分部分项工程										
		树池								
1	050307014001	树池 30厚磨光面芝麻灰花岗岩压顶,倒角 $R10$ 20厚黄色文化石侧贴 30厚 1∶2.5 水泥砂浆 M5水泥砂浆砌Mu7.5砖 素土夯实	m	4.52	292.32	102.35	142.87	7.22	28.72	11.16
	D1-438	人工 挖沟槽、基坑土方	100 m^3	0.018 2	3 971.47	2 965.90		4.76	648.79	352.02
	D1-436	人工 原土打夯	100 m^2	0.016 3	124.58	78.38		14.81	20.35	11.04
	A3-38	零星砌体 多孔砖 240×115×90{水泥石灰砂浆 中砂 M5}	10 m^3	0.103	4 956.20	1 567.30	2 695.12	29.17	529.55	135.06
	A14-77	石材装饰线 现场磨边 磨平边	100 m	0.090 4	849.36	586.71	24.21	27.42	167.66	43.36
	D1-723 换	30厚磨光面芝麻灰花岗岩压顶 粘贴石材面{换:水泥砂浆 1∶2.5}	10 m^2	0.167	2 033.35	485.84	1 293.46	67.60	120.87	65.58
	D1-723 换	20厚黄色文化石侧贴 粘贴石材面{换:水泥砂浆 1∶2.5}	10 m^2	0.230	1 392.09	485.84	652.20	67.60	120.87	65.58

[**例 5.4**]　某公园绿地旁有一直线型景墙,长度为 6 000 mm,图纸如图 5.24 所示,请计算分部分项工程量清单综合单价。

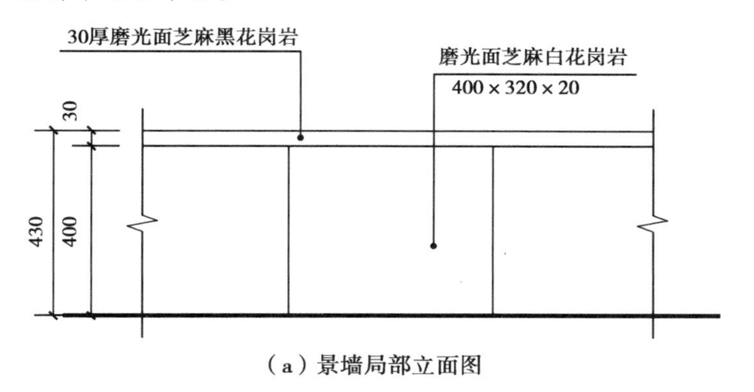

(a) 景墙局部立面图

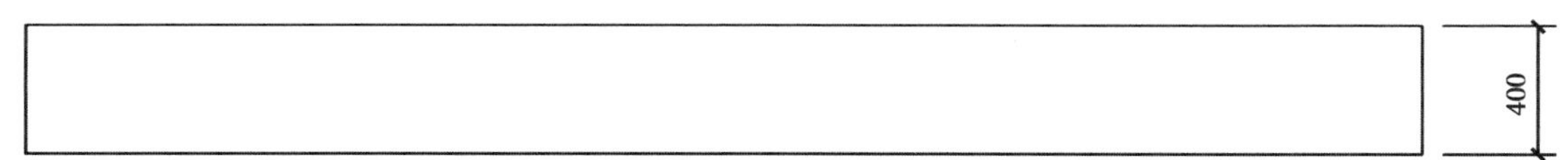

(b) 景墙平面图

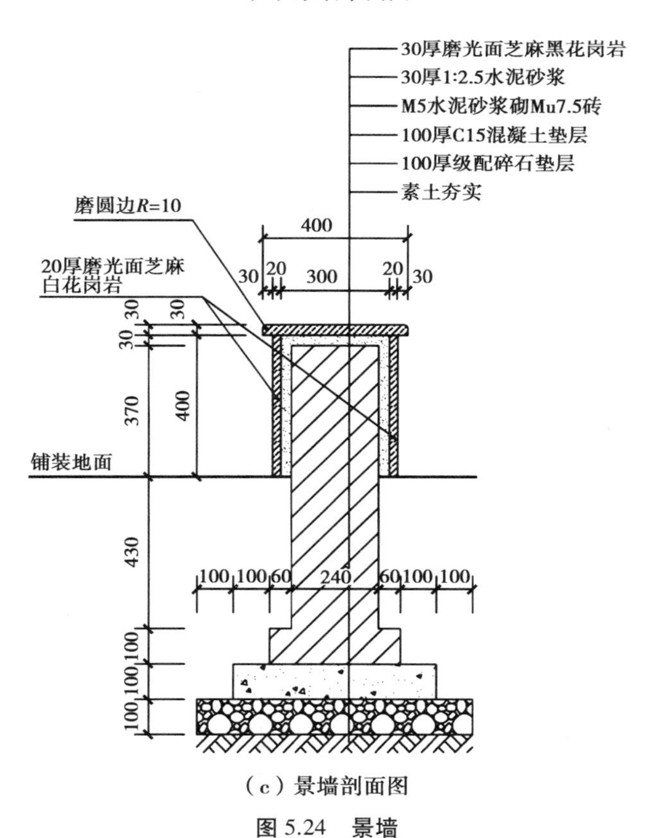

(c) 景墙剖面图

图 5.24　景墙

[**解**]　分部分项工程量计算式详见表 5.13。

表 5.13　分部分项工程量计算表

工程名称：景墙

编号	工程量计算式	单位	标准工程量
050307010001	景墙 30 厚磨光面芝麻黑花岗岩压顶，倒角 $R10$ 20 厚磨光面芝麻白花岗岩　立铺 30 厚 1∶2.5 水泥砂浆 M5 水泥砂浆砌 Mu7.5 砖 100 厚 C15 混凝土垫层 100 厚级配碎石垫层 素土夯实	m	6.00
	6		6.00
D1-438	人工　挖沟槽、基坑土方	$100\ m^2$	5.08
	6×(0.43+0.1×3)×(0.4+0.24+0.12+0.2×2)		5.08
D1-436	人工　原土打夯	$100\ m^2$	4.56
	6×(0.4+0.24+0.12)		4.56
D1-458	人工操作　天然级配碎石	m^3	0.46
	6×(0.4+0.24+0.12)×0.1		0.46
D1-463	人工操作　混凝土{碎石　GD20　商品普通混凝土　C15}	m^3	0.34
	6×(0.2+0.24+0.12)×0.1		0.34
A3-38	零星砌体　多孔砖 240×115×90{水泥石灰砂浆中砂 M5}	$10\ m^3$	1.37
	6×(0.24+0.12)×0.1+6×0.24×(0.43+0.37)		1.37
A14-77	石材装饰线　现场磨边　磨平边	100 m	12.80
	6×2+0.4×2		12.80
D1-723 换	30 厚磨光面芝麻黑花岗岩压顶　粘贴石材面{换：水泥砂浆　1∶2.5}	$10\ m^2$	2.40
	0.4×6		2.40
D1-723 换	20 厚磨光面芝麻白花岗岩　立铺　粘贴石材面{换：水泥砂浆　1∶2.5}	$10\ m^2$	4.80
	0.4×6×2		4.80

分部分项工程量清单综合单价分析表见表 5.14。

知识点：对于高出地面铺装的石材贴面，注意选取立面的定额，不能套取路面面层的定额。

表 5.14　工程量清单综合单价分析表

工程名称:景墙

序号	项目编码	项目名称及项目特征描述	单位	工程量	综合单价/元	综合单价				
						人工费	材料费	机械费	管理费	利润
分部分项工程										
1	050307010001	景墙 30厚磨光面芝麻黑花岗岩压顶,倒角 $R10$ 20厚磨光面芝麻白花岗岩立铺 30厚1∶2.5水泥砂浆 M5水泥砂浆砌Mu7.5砖 100厚C15混凝土垫层 100厚级配碎石垫层 素土夯实	m	6.00	462.32	160.25	231.15	10.15	42.68	18.09
	D1-438	人工　挖沟槽、基坑土方	100 m^3	0.050 8	4 487.37	3 352.75		3.80	733.07	397.75
	D1-436	人工　原土打夯	100 m^2	0.045 6	134.28	88.61		11.83	21.94	11.90
	D1-458	人工操作　天然级配碎石	m^3	0.46	190.02	44.54	128.19	1.71	10.10	5.48
	D1-463	人工操作　混凝土{碎石 GD20 商品普通混凝土 C15}	m^3	0.34	422.91	128.27	251.43		28.01	15.20
	A3-38	零星砌体　多孔砖 240×115×90{水泥石灰砂浆中砂 M5}	10 m^3	0.137	5 647.64	1 771.73	3 093.77	31.47	598.12	152.55
	A14-77	石材装饰线　现场磨边　磨平边	100 m	0.128 0	952.17	663.23	24.21	27.42	188.55	48.76
	D1-723 换	30厚磨光面芝麻黑花岗岩压顶　粘贴石材面{换:水泥砂浆1∶2.5}	10 m^2	0.240	2 168.71	549.21	1 338.77	71.59	135.58	73.56

续表

序号	项目编码	项目名称及项目特征描述	单位	工程量	综合单价/元	综合单价				
						人工费	材料费	机械费	管理费	利润
	D1-723 换	20 厚磨光面芝麻白花岗岩 立铺 粘贴石材面{换:水泥砂浆 1:2.5}	10 m^2	0.480	1 859.53	549.21	1 029.59	71.59	135.58	73.56

[**例** 5.5] 杉木制花架,杉木坐凳面宽 300 mm,板厚 50 mm,柱子和坐凳刷清漆二遍,其余底油一遍调和漆三遍,详见施工图 5.25。请计算分部分项工程量清单综合单价(不计地面,基础)。

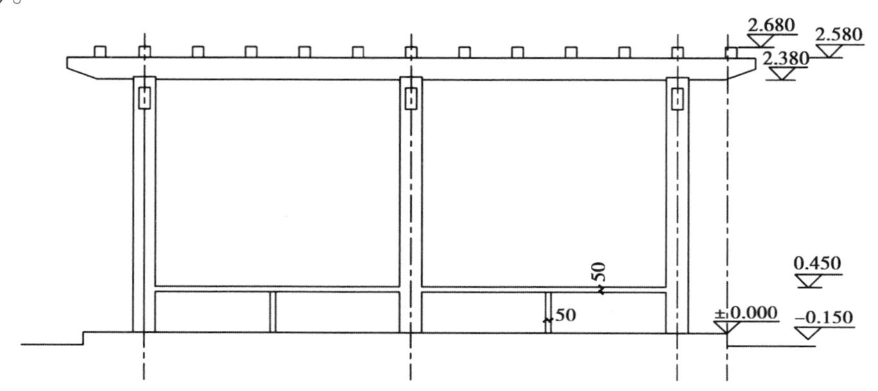

花架立面图

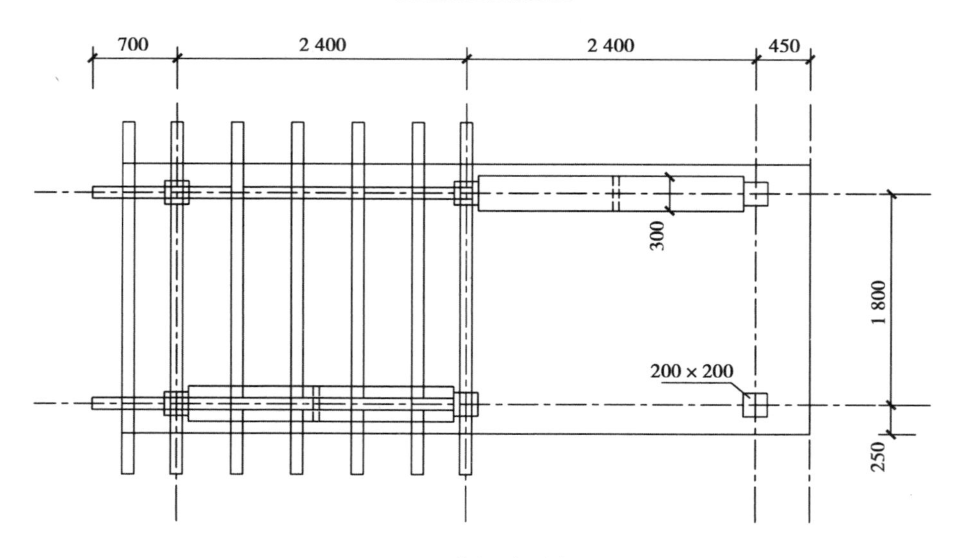

花架平面图

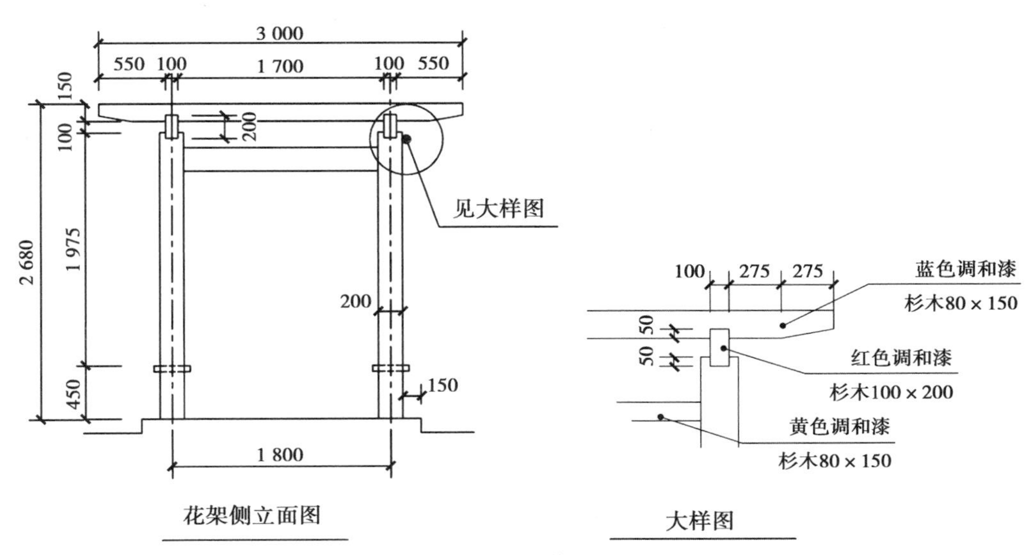

图 5.25 花架

［解］ 分部分项工程量计算式详见表 5.15。

表 5.15 分部分项工程量计算表

编号	工程量计算式	单位	标准工程量
0503	木质花架		
050304004001	木花架柱	m^3	0.58
=6	0.2×0.2×(2.68−0.15−0.1)		0.58
050304004002	木花架梁	m^3	0.25
=2	0.1×0.2×(2.4×2+0.7×2)		0.25
050304004003	木花架梁	m^3	0.07
=3	0.08×0.15×(1.8+0.1×2)		0.07
050304004004	木花架条	m^3	0.47
=13	0.08×0.15×3		0.47
020510004001	坐凳面	m^2	1.56
	0.3×(2.4−0.2)×2 板+0.3×(0.45−0.05)×2 支墩		1.56
0209	油漆彩画工程		
020906014001	其他木材面油漆	m^2	15.30
柱子	0.2×4×(2.68−0.15−0.1)×6		11.66
座凳	(0.3+0.05)×2×2.2×2 板+(0.3+0.05)×2×(0.45−0.05)×2 支墩		3.64
020906014002	其他木材面油漆	m^2	27.59
主梁	(0.1+0.2)×2×(4.8+1.4)×2		7.44
次梁	(0.08+0.15)×2×(1.8−0.2)×3		2.21
花架条	(0.08+0.15)×2×3×13		17.94

知识点:木质花架按设计尺寸以 m^3 计算;刷漆木质花架按设计尺寸以 m^2 计算。

分部分项工程量清单综合单价分析表详见表 5.16。

表 5.16　工程量清单综合单价分析表

工程名称:木质花架

序号	项目编码	项目名称及项目特征描述	单位	工程量	综合单价/元	综合单价				
						人工费	材料费	机械费	管理费	利润
分部分项工程										
	0503	木质花架								
1	050304004001	木花架柱 1.木材种类:杉木 2.柱、梁截面:200 mm×200 mm 3.连接方式:开榫连接	m^3	0.58	2 668.14	977.80	1 360.92		213.55	115.87
	D1-652 换	木制花架 柱	10 m^3	0.058	26 681.33	9 777.95	13 609.19		2 135.50	1 158.69
2	050304004002	木花架梁 1.部位:主梁 2.木材种类:杉木 3.柱、梁截面:100 mm×200 mm 4.连接方式:开榫连接	m^3	0.25	3 475.47	1 560.83	1 388.79		340.89	184.96
	D1-653 换	木制花架 梁	10 m^3	0.025	34 754.70	15 608.32	13 887.93		3 408.86	1 849.59
3	050304004003	木花架梁 1.部位:次梁 2.木材种类:杉木 3.柱、梁截面:80 mm×150 mm 4.连接方式:开榫连接	m^3	0.07	3 475.47	1 560.83	1 388.79		340.89	184.96
	D1-653 换	木制花架 梁	10 m^3	0.007	34 754.70	15 608.32	13 887.93		3 408.86	1 849.59
4	050304004004	木花架条 1.木材种类:杉木 2.柱、梁截面:80 mm×150 mm 3.连接方式:开榫连接	m^3	0.47	2 603.32	912.18	1 383.83		199.22	108.09
	D1-654 换	木制花架 檩条	10 m^3	0.047	26 033.27	9 121.84	13 838.28		1 992.21	1 080.94

续表

序号	项目编码	项目名称及项目特征描述	单位	工程量	综合单价/元	综合单价				
						人工费	材料费	机械费	管理费	利润
5	020510004001	坐凳面 1.木材品种:杉木 2.板厚度:50 mm	m^2	1.56	169.07	66.43	80.26		14.51	7.87
	D1-666 换	座凳面 厚 5 cm [实际 5]	10 m^2	0.156	1 690.73	664.30	802.63		145.08	78.72
	0209	油漆彩画工程								
6	020906014001	其他木材面油漆 1. 部位:柱子、坐凳 2. 油漆品种、刷漆遍数:清漆二遍	m^2	15.30	18.60	12.30	2.15		2.69	1.46
	D2-921	底油、油色、清漆二遍 其他木材面	10 m^2	1.530	186.00	123.01	21.54		26.87	14.58
7	020906014002	其他木材面油漆 1. 部位:梁、花架条 2. 油漆品种、刷漆遍数:底油一遍 调和漆三遍	m^2	27.59	20.41	14.08	1.58		3.08	1.67
	D2-913	底油一遍 调和漆三遍 其他木材面	10 m^2	2.759	204.00	140.79	15.78		30.75	16.68

思考与练习题

1.某公园需要人造假山。根据具体的造型尺寸标注如图 5.26 所示,石材为太湖石,石材间用 1∶2.5 水泥砂浆勾缝堆砌,试计算分部分项工程量清单综合单价。

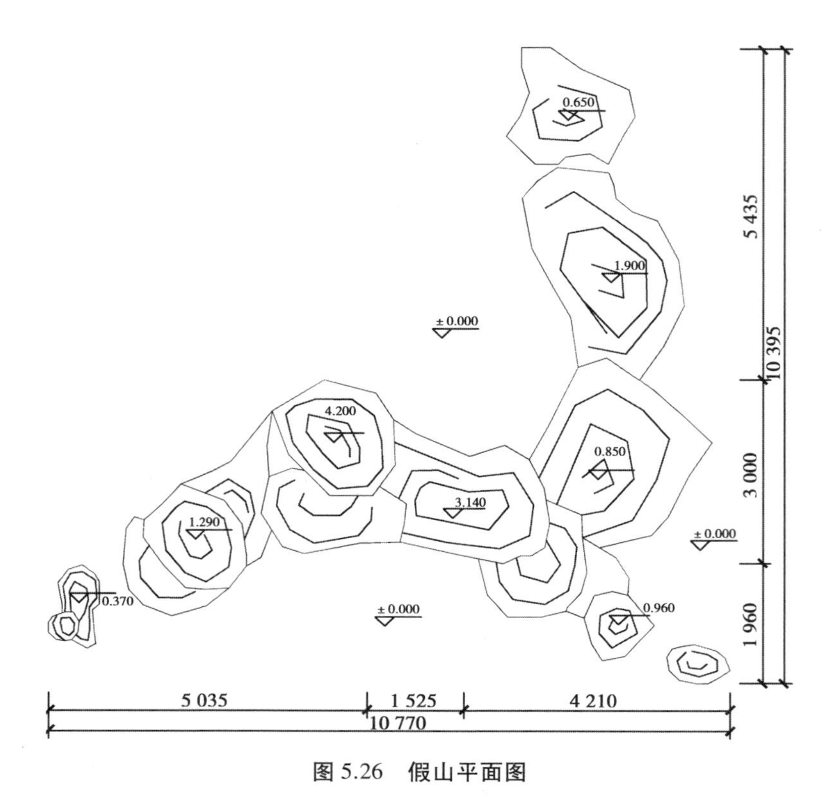

图 5.26　假山平面图

2.根据图 5.27 所给的某园林树池平面、局部立面和剖面的尺寸(单位:mm),请计算该树池的分部分项工程量清单综合单价。

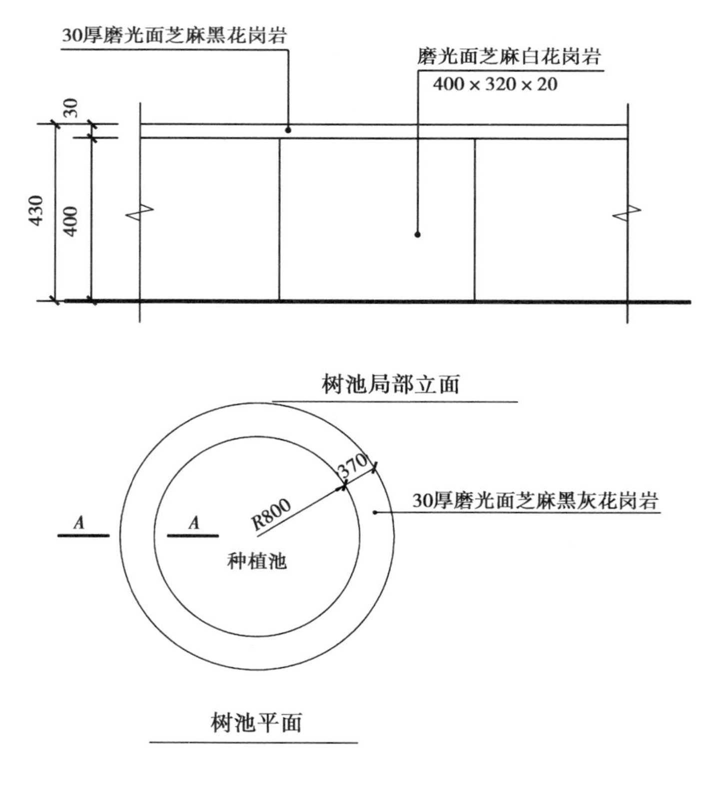

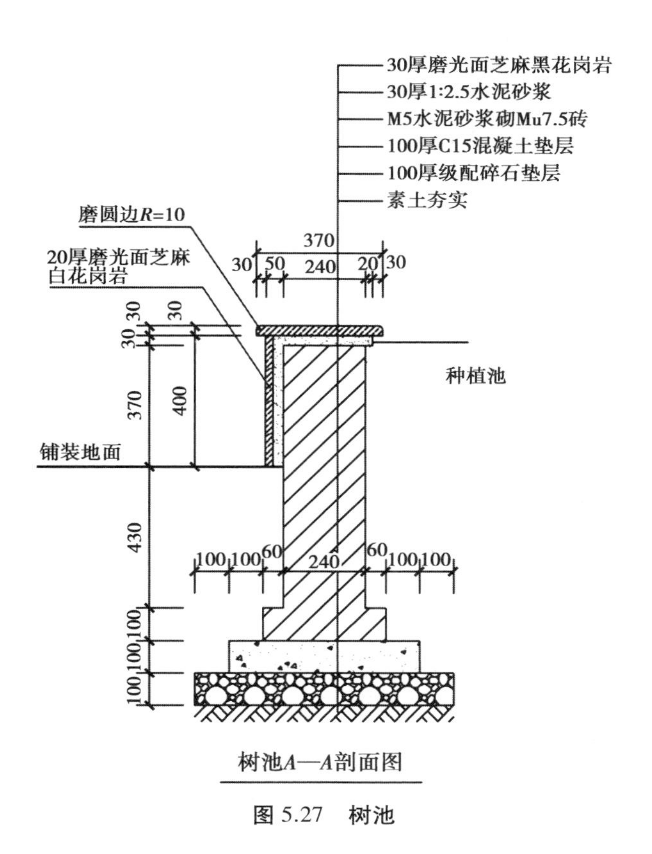

树池A—A剖面图

图 5.27　树池

FANGGU
ZHUANZUO
GONGCHENG

第 6 章 仿古砖作工程

【本章主要内容及教学要求】

本章主要讨论仿古砖作工程的项目划分、工程量计算和综合单价计算等问题。通过本章学习,要求:

★ 熟悉仿古砖作工程的相关知识。
★ 熟悉仿古砖作工程清单分项的划分标准。
★ 掌握仿古砖作工程的工程量计算规则。
★ 掌握仿古砖作工程的综合单价分析计算方法。

6.1 相关知识

6.1.1 砌筑工程

1) 空斗墙和空花墙

空斗墙是指用砖侧砌或平、侧交替砌筑成的空心墙体。具有用料省、自重轻和隔热、隔声性能好等优点,适用于 1~3 层民用建筑的承重墙或框架建筑的填充墙。空斗墙在中国是一种传统墙体,明代以来已大量用来建造民居和寺庙等,长江流域和西南地区应用较广。空斗墙的砌筑方法分为有眠空斗墙和无眠空斗墙两种。侧砌的砖称斗砖,平砌的砖称眠砖。有眠空斗墙是每隔 1~3 皮斗砖砌一皮眠砖,分别称为一眠一斗,一眠二斗,一眠三斗。无眠空斗墙只砌斗砖而无眠砖,所以又称全斗墙,如图 6.1 所示。无论哪一种砌法,上下皮砖的竖缝都应错开,以保证墙体的整体性。

空花墙是一种镂空的墙体结构,是指用砖砌成各种镂空花式的墙。用砖或者蝴蝶瓦按一定的图案砌筑的镂空的花窗。一般用于古典式围墙、封闭或半封闭走廊、公共厕所的外墙等处,也有大面积的镂空围墙,如图 6.2 所示。

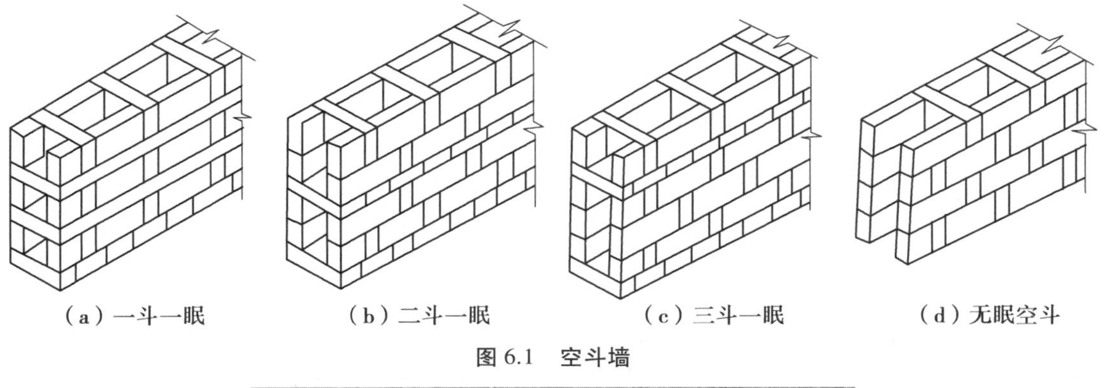

（a）一斗一眠　　（b）二斗一眠　　（c）三斗一眠　　（d）无眠空斗

图 6.1　空斗墙

图 6.2　空花墙

2) 砖檐

砖檐是指墙身在屋面檐口下层挑出的部分，多用于古建筑房屋的后檐墙、院墙、影壁墙等。

(1) 蓑衣顶

蓑衣是古时农夫、渔翁所使用的挡雨披风，由龙须草编织而成，层层叠叠披在身上，显得上小下大，砖砌蓑衣顶借此而得名。它由院墙檐口挑出后，层层往上收进。

(2) 菱角檐、抽屉檐

菱角檐一般为 3 层，其中第二层的砖加工成三角形，以此取名为菱角。抽屉檐也为 3 层，其中第二层砖按长方形砖矩形摆放，形似一个个抽屉而得名，如图 6.3 所示。

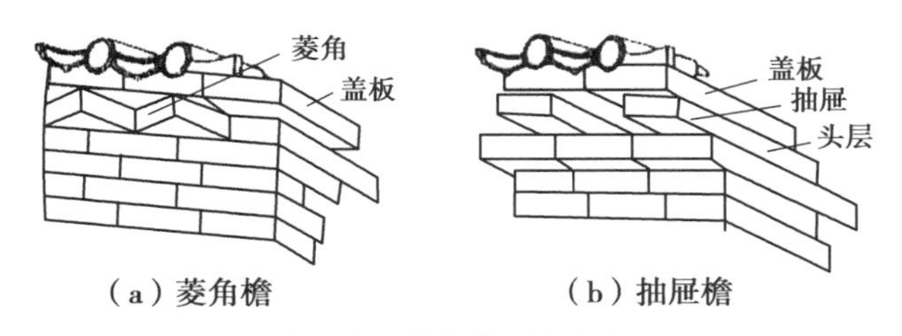

（a）菱角檐　　（b）抽屉檐

图 6.3　菱角檐、抽屉檐

6.1.2　砖细工程

砖细是指将砖进行锯、截、刨、磨等加工的工作名称。古人将砖(主要是方砖)经过刨、锯磨的精工细作后,用它来作为墙面、门口、勒脚等处的装饰,如同现代的大理石、磨光花岗石等饰面一样。在江南地区大致分为砖细望砖、砖细抛方台口、墙面、乐教砖细镶边月洞、门窗套、半墙作槛、砖细漏窗等。砖细抛方为抛枋及其墙体其他部位用砖的加工项目,分为平面加工和平面带枭混线脚抛方两种,如图 6.4 所示。

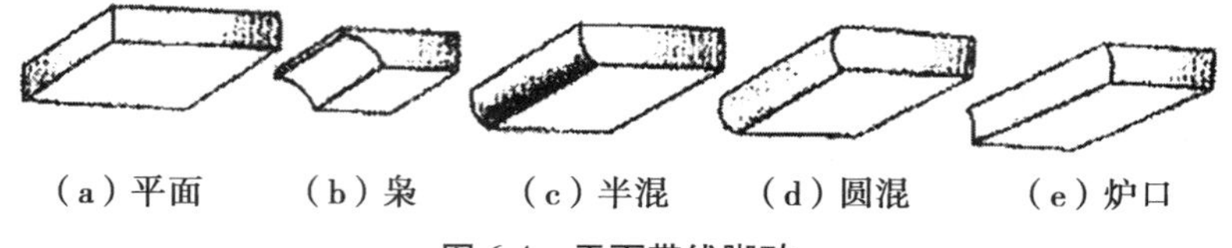

图 6.4　平面带线脚砖

(1)砖细贴墙面

砖细贴墙面,是墙体正面大面积部位的砖墙定额,在古建筑墙体中,大多将墙体分为里外两层,里层墙体一般没有严格要求,主要作陪衬结构厚度作用,所以称为背里或衬里。

砖细贴墙面定额分为勒脚细、八角景和六角景、斜角景等三类子目。

①勒脚细:是按墙体位置而取的书称,古建墙体分上下两段,下段约占墙高的 1/3,《营造法原》定为由地而向上约三层,此段称为勒脚,清《营造则例》称为下肩,上段称为上身。勒脚墙厚较上身厚出一寸,它是墙体中最重要的部位,一般都是采用做细清水砖,故定额将其定名为“勒脚细”。勒脚细按用砖的大小分为 3 个子目,贴墙面砖一般都用方砖,即长宽尺寸相同的砖,如图 6.5 所示。

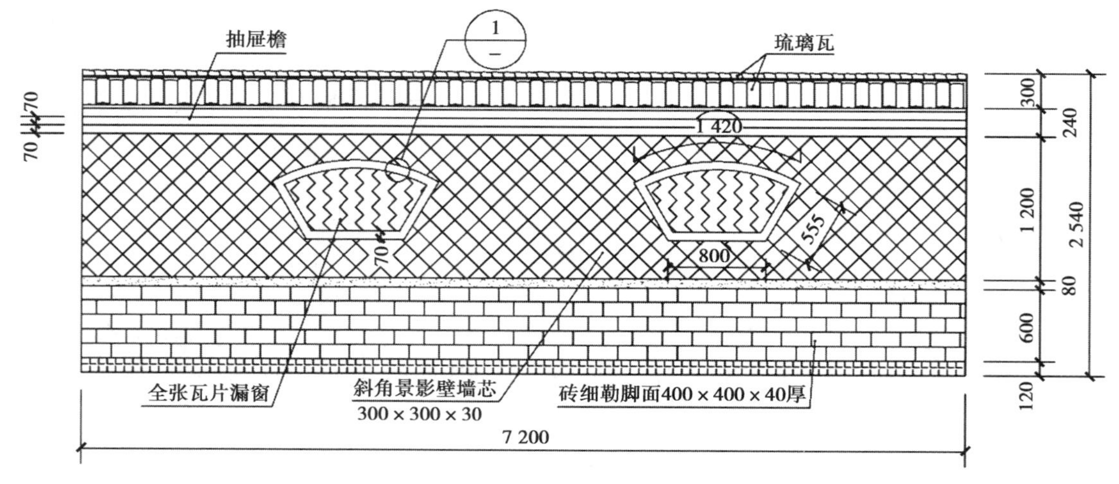

图 6.5　勒脚细、斜角景

②八角景和六角景:是按砖的外形为八角形和六角形而命名的子目,“景”在这里是指艺术形式的砌筑,采用八角或六角形贴面的墙,多是在用线砖围成的景框(称为砖池)内进行砌筑,如窗下的槛墙、山墙上身的砖池、影壁墙芯等。

③斜角景:是用四边形的方砖进行斜贴的一种形式,如图 6.5 所示。砖细贴墙面的工程量计算要将贴面与镶边的尺寸分开计算。镶边一般都采用某种砖线脚,有一定的宽度,将贴墙面减去其宽度即为贴墙面净尺寸。

(2)砖细镶边、月洞、地穴及门窗樘套

①镶边。镶边是指在墙面上用砖细镶嵌成边框的一种装饰。镶边与门窗樘套不仅位置不同,装饰线脚也有所不同,镶边多以一道枭混线脚嵌砌而成,枭砖和混砖可厚可薄,因此定额分为宽 15 cm、10 cm 以内两个子目。

②地穴、月洞。《营造法原》对在墙垣上做有门洞而不装门扇的称为“地穴”。相对地穴而言,在墙垣上做有窗洞而不装窗扇的称为“月洞”。地穴、月洞的侧面应镶砌清水磨砖,两边要凸出墙面寸许,边缘起线宜简单。

③门窗樘套。在门窗洞口周边镶嵌凸出墙面砖细者称为“门窗套”;而在洞内侧壁与顶面满嵌砖细者称为“内樘”。所以门窗樘套包括门窗套和洞口内樘。

④地穴、月洞及门窗樘套的单双线与单双出口。单、双线是指砖的花纹凸线形成线框的根数。双出口是指单块砖凸出墙面的边数,如镶嵌洞口内侧壁砖细,当两边都凸出墙面者,称为双出口;而镶嵌洞口内顶面砖细,若只有一边凸出墙面者,则称为单出口。

(3)砖细漏窗

漏窗即为砖墙上所留的窗洞,《营造法原》称为花墙洞。砖细漏窗是指将面砖经加工后,对漏窗进行精修装饰的一项内容,分为窗洞边框装饰和窗芯花纹图案装饰等,是一种比较高级的漏窗。

漏窗芯子的花纹图案都是用条砖组合而成,定额是按直线形的拼花编制的,普通心子为六角景式和宫式万字形等常用花形;复杂心子为六角菱花式及乱纹式等斜直线变化较多的花形,如图 6.6 所示。

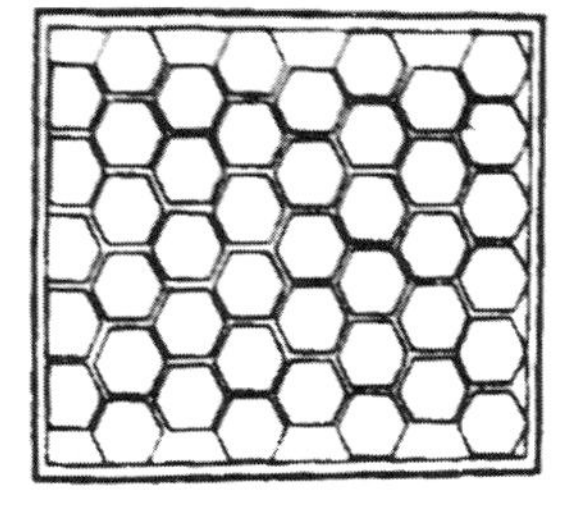
(a)六角景

(b)宫式万字

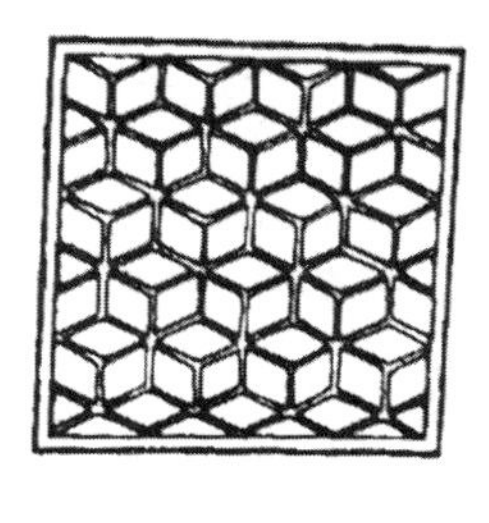
(c)六角菱花

(d)乱纹冰裂式

图 6.6　砖细漏窗心子

(4)一般漏窗

①一般漏窗与砖细漏窗定额的区别。一般漏窗是指民间习惯性采用的漏窗,它是用瓦片和望砖组成不同的花纹图案,并辅以砂浆完美其装饰效果,漏窗边框一般为抹灰的光面单边,很少雕刻花边。它的边框和窗芯连在一起。砖细漏窗是采用经过打磨后的加工砖,清水镶砌而成,做法比较精致。其装饰效果的好坏,在很大程度上取决于对砖的加工质量。因此,定额将边框与窗芯分别列项。

②一般漏窗的定额不分边框和芯子,按组拼花饰的构造进行列项,分为全张瓦片、软景式条、平直式条等。在软景与平直式中又分为普通花形和复杂花形。

全张瓦片的漏窗:是指用整块形的小青瓦(俗称蝴蝶瓦),组合拼接成各种不同的花纹图案。其特点是不管是什么花纹,都是由整张瓦片组拼而成,没有砍削添补,如图 6.7 所示。

软景式条:是指窗芯以瓦片为主,组合拼接成各种不同图案的花纹条,即图案的花绞以弧线为主。根据花纹图案的繁简程度分为复杂与普通两种。

其中由单一基本图案或带少量辅助线条所组成的花纹称为普通窗芯,由两种以上基本图案组成的花纹称为复杂窗芯。

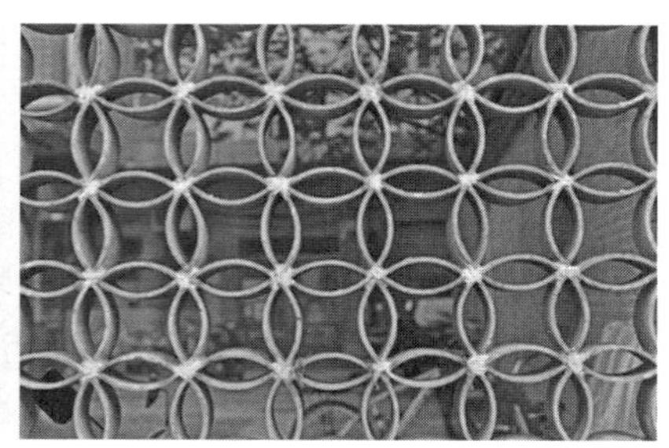

图 6.7　全张瓦片的漏窗

6.2　清单项目划分

根据《2013 工程量计算规范广西壮族自治区实施细则》将砖作工程划分砌砖墙;贴砖;砖檐;墙帽;砖券(拱)月洞;地穴及门窗套;漏窗;须弥座;影壁、看面墙、廊心墙;槛墙槛栏杆;砖细构件;小构件及零星砌体和砖浮雕及碑镌字等 12 个项目。常用的工程量清单项目设置及工程量计算规则,应按表 6.1 的规定执行。

表 6.1　常用的工程量清单项目

<table>
<tr><th>项目编码</th><th>项目名称</th><th>项目特征</th><th>计量单位</th><th>工程量计算规则</th><th>工程内容</th></tr>
<tr><td>020101002</td><td>细砖清水墙</td><td>1.砌墙厚度
2.砌筑方式
3.砖墙勾缝类型
4.用砖品种规格
5.灰浆品种及配合比</td><td>m^3</td><td rowspan="3">按设计图示尺寸以体积计算,不扣除伸入墙内的梁头、桁檩头所占体积,扣除门窗洞口、过人洞、嵌入墙体内的柱梁及细砖面所占体积</td><td rowspan="2">1.选砖及砖件加工
2.调制灰浆
3.支拆券胎
4.砌筑
5.勾缝
6.材料运输
7.渣土清运</td></tr>
<tr><td>020101003</td><td>糙砖实心墙</td><td rowspan="2">1.砌墙厚度
2.砌筑方式
3.用砖品种规格
4.灰浆品种及配合比</td><td rowspan="2">m^3</td></tr>
<tr><td>020101004</td><td>糙砖空斗墙</td><td rowspan="2">1.选砖
2.调制灰浆
3.砌筑
4.勾缝
5.材料运输
6.渣土清运</td></tr>
<tr><td>020101005</td><td>糙砖空花墙</td><td>1.砌墙厚度
2.砌筑方式
3.砖墙花墙类型
4.用砖品种规格
5.灰浆品种及配合比</td><td>m^3</td><td>按设计图示尺寸以 m^3 计算,扣除门窗洞口、过人洞、嵌入墙体内的柱梁及细砖面所占体积</td></tr>
</table>

续表

项目编码	项目名称	项目特征	计量单位	工程量计算规则	工程内容
020102002	贴墙面	1.贴面分块尺寸 2.用砖品种、规格、强度等级 3.铁件种类规格 4.砂浆种类、强度等级及配合比 5.防护剂名称、涂刷遍数	m^2	按设计图示尺寸以面积计算；计算工程量时应扣除门窗洞口和空洞所占的面积，但不扣除面积≤0.3 m^2 的空洞面积	1.砖件砍制 2.油灰加工 3.铁件制作 4.材料运输 5.砖、铁件安装 6.砖内侧灌砂浆 7.砖表面刷防护剂
020102003	贴勒脚				
020102004	贴角景墙面	1.角景类型 2.角景贴面分块尺寸 3.用砖品种、规格、强度等级 4.铁件种类、规格 5.砂浆种类、强度等级及配合比 6.防护剂名称、涂刷遍数			
020103001	细砖砖檐	1.砖檐种类层数 2.砌筑方式 3.用砖品种及规格 4.灰浆品种及配合比	m	按设计图示尺寸以盖板外皮长度计算	1.砖件砍制 2.调制灰浆 3.砌筑(制安) 4.材料运输 5.渣土清运
020103002	糙砖砖檐				
020104001	细砖墙帽	1.墙帽种类 2.砌筑方式 3.用砖品种及规格 4.灰浆品种及配合比	m	按设计图示尺寸以墙帽中心线长度计算	1.砖件砍制 2.调制灰浆 3.砌筑(制安) 4.材料运输 5.渣土清运
020104002	糙砖墙帽				
020105005	镶边	1.线脚宽度、线脚形式 2.方砖品种、规格、强度等级 3.铁件种类、规格 4.砂浆种类、强度等级及配合比 5.防护剂名称、涂刷遍数	m	按设计图示中心线长度以延长米计算	1.砖件砍制 2.油灰加工 3.铁件制作 4.材料运输 5.方砖、铁件安装 6.砖内侧灌砂浆 7.砖表面刷防护剂

续表

<table>
<tr><th>项目编码</th><th>项目名称</th><th>项目特征</th><th>计量单位</th><th>工程量计算规则</th><th>工程内容</th></tr>
<tr><td>020106001</td><td>砖细漏窗</td><td rowspan="2">1.窗框出口形式
2.框边刨边形式
3.窗芯形式
4.窗规格尺寸
5.方砖品种规格、强度等级
6.防护剂名称、涂刷遍数</td><td rowspan="2">m^2</td><td rowspan="2">按设计图示尺寸以面积计算</td><td>1.砖件砍制
2.油灰加工
3.起线
4.刨缝
5.补磨
6.安拆模撑
7.材料运输
8.方砖安装
9.砖表面刷防护剂</td></tr>
<tr><td>020106002</td><td>砖瓦漏窗</td><td>1.砖件砍制
2.瓦件加工
3.油灰加工
4.起线
5.刨缝
6.补磨
7.安拆模撑
8.材料运输
9.砖瓦安装
10.砖瓦表面刷防护剂</td></tr>
<tr><td>桂 020110032</td><td>砖细刨面</td><td>1.砖类型
2.加工面要求
3.加工方式</td><td>m^2</td><td>按设计图示尺寸以面积计算</td><td>1.选料
2.开砖
3.刨面
4.补磨</td></tr>
<tr><td>桂 020110033</td><td>砖细刨边</td><td>1.砖类型
2.加工坡口要求
3.加工方式</td><td>m</td><td>按设计图示尺寸以长度计算</td><td>1.选料
2.开砖
3.刨边
4.补磨</td></tr>
</table>

6.3 工程量计算规则

(1)砌筑工程

①砖基础与墙柱以防潮层为界,无防潮层以室内地坪为界,以上为墙身,以下为基础。台基、月台以设计室外标高为界,以下为基础,以上为墙身。

②独立砖柱基础大放脚体积并入砖柱工程量计算。

③基础大放脚T形接头处重叠部分体积不予扣除,附墙垛基础宽出部分体积也不增加。

④墙体按设计图示尺寸以 m^3 体积计算,扣除门窗洞口、过人洞、空圈、嵌入墙身的钢筋混凝土梁、柱、板等所占的体积。不扣除嵌入墙身的钢筋、铁件、螺栓、钢管和钢筋混凝土梁

头、垫头、板头、木屋架头、桁条垫木、木楞头、木砖、门窗走头、半砖墙的木筋及伸入墙内的暖气片、壁龛每个面积在 0.3 m^2 以下的空洞等所占的体积。突出墙身的门窗套、虎头砖、压顶线、山墙泛水和三皮砖以下的腰线等体积也不增加。

⑤砖垛、出墙面 180 mm 以上的砖砌腰线并入墙身体积内计算。

⑥砖柱(包括柱基、柱身)按方、圆柱分别以 m^3 计算。附墙垛出墙面厚度超过墙厚的1.5倍时,应按砖柱计算。

⑦砖平拱、砖弧形拱、钢筋砖过梁按图示尺寸以 m^3 计算。

⑧空斗墙按外形体积以 m^3 计算,墙角、内外墙交接处、门窗洞口立边、窗台砖、砖碹、楼板下和山尖处及屋檐处的实砌部分已包括在定额内,不另行计算,但窗间墙、窗台下、梁头下等实砌部分,应另行计算。

⑨空花墙按空花部分的外形尺寸以 m^3 计算,空花部分不扣除。

⑩砖檐、墙帽按墙中心线以延长米计算。

(2)砖细工程

①砖细工程量除注明外,均按净长、净宽、净面积计算。

②做细望砖工程量以块计算,望砖规格如下:210 mm×95 mm×15 mm。

③砖细抛方、台口,高度按图示尺寸和水平长度,分别以延长米计算。

④砖细贴墙面,按材料不同规格,均按图示尺寸,分别以 m^2 计算;四周如有镶边者,镶边工程量按相应的镶边定额另行计算;计算工程量时应扣除门窗洞口和空洞所占的面积,但不扣除 0.3 m^2 以内的空洞面积。

⑤月洞、地穴、门窗套、镶边宽度,按图示尺寸和外围周长,分别以延长米计算。

⑥砖细半墙半槛面宽度,按图示尺寸以延长米计算。

⑦砖细坐槛栏杆:坐槛面砖、拖泥、芯子砖按水平长度,以延长米计算。坐槛栏杆侧柱,按高度以延长米计算。

⑧砖细其他小配件。

a.屋脊头、垛头、梁垫,分别以只计算。

b.博风、板头、戗头板、风拱板分别以块(套)计算。

c.桁条、梓桁、椽子、飞椽按长度分别以延长米计算,椽子、飞椽深入墙内部分的工程量并入椽子、飞椽的工程量计算。

⑨砖细漏窗。

a.漏窗边框,按外围周长以延长米计算。

b.漏窗芯子,按边框内净尺寸以 m^2 计算。

c.一般漏窗按洞口外围面积以 m^2 计算。

⑩挂落三飞砖砖墙门。

a.砖细勒脚,墙身按图示尺寸,以 m^2 计算。

b.大镶边、字镶边工程量按外围周长,以延长米计算。

6.4 计价注意事项

(1)砌筑工程

①砖墙定额已综合考虑墙身厚度,内、外墙部位及艺术形式复杂程度。

②砖碹、砖圈梁、腰线、砖垛等砌体已综合在定额内，不得另立项目计算。砖过梁、砖圈梁等砌体中的钢筋另按钢筋工程相应子目计算。

③砖砌台阶、地沟套用园路园桥相应定额子目。

④三飞砖砖檐按双层菱角檐（抽屉檐）定额子目计算。用砂浆抹冰盘檐、鸡素檐、鹰不落顶、假硬顶、馒头顶套用建筑装饰定额零星抹灰项目，其中人工乘以系数 1.5。

⑤墙帽做脊按屋脊相应定额子目计算。

⑥砂浆种类、强度等级与设计不同时，可以换算。

⑦砌筑云墙每立方米砌体增加人工 17.1 元。

(2)砖细工程

①砖细制作以机械加工为主，手工操作为辅，按厂方提供半成品考虑。直线线脚加工以现场小型机械加工为主，部分用手工，异形线脚加工按手工加工考虑。

②望砖刨平面、弧面均包括两侧刨缝、补磨，工程量按成品计算，砖的损耗包括在定额内。

③砖细制作，包括刨面刨缝、起线、做榫槽、雕刻、补磨在内。

④砖细工程，工程量按成品计算，砖的损耗已包括在定额内。

⑤砖细表面刷有机硅防水剂时，每 10 m^2 增加人工 12.30 元，有机硅外墙防水剂（原液）0.5 kg，水 0.004 m^3。

⑥执行砖细矩形漏窗芯子定额子目时，六角景、宫式套用普通窗芯子目，六角菱花、乱纹式套用复杂窗芯子目。

6.5 工程案例

［例 6.1］ 某公园的仿古景墙，如图 6.8 所示，试计算分部分项工程量清单综合单价。

设计说明：景墙为我国古典园林形式，其形状为 L 形，横向长度为 7.2 m，竖向长为 4.2 m，B 墙与 A 墙结构、装饰都相同，长度不同，一樘漏窗。

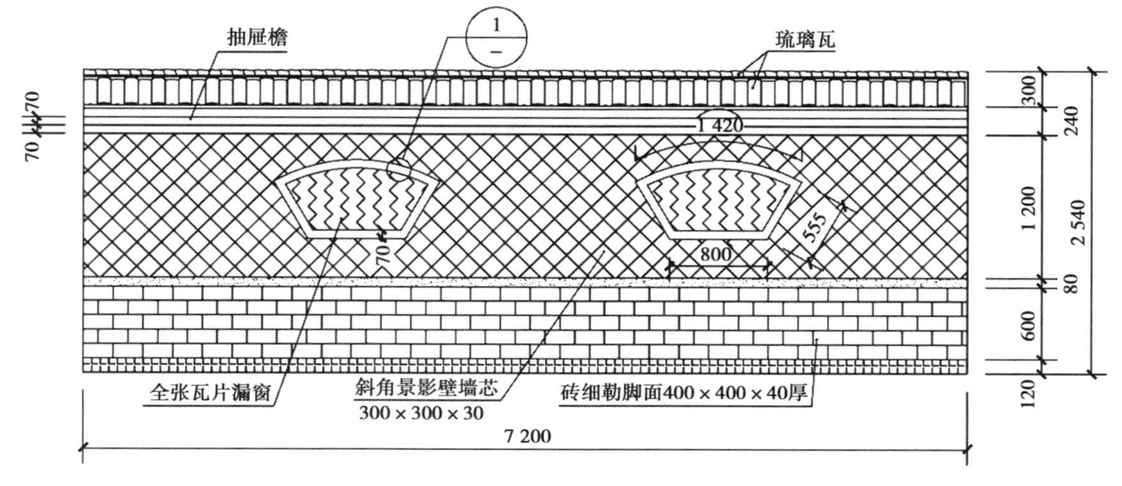

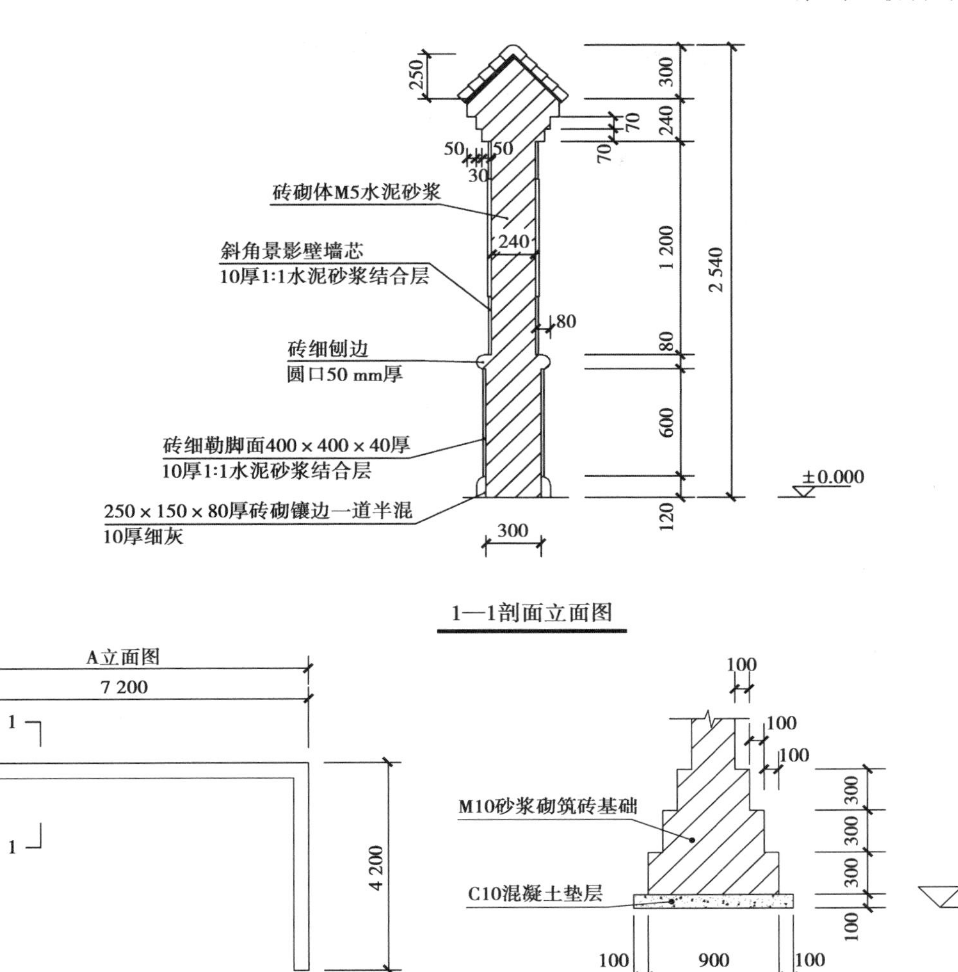
砖砌体M5水泥砂浆
斜角景影壁墙芯
10厚1:1水泥砂浆结合层
砖细刨边
圆口50 mm厚
砖细勒脚面400×400×40厚
10厚1:1水泥砂浆结合层
250×150×80厚砖砌镶边一道半混
10厚细灰
±0.000
2 540
1 200
1—1剖面立面图
A立面图
7 200
4 200
景墙平面图
M10砂浆砌筑砖基础
C10混凝土垫层
-1.200
基础剖面图

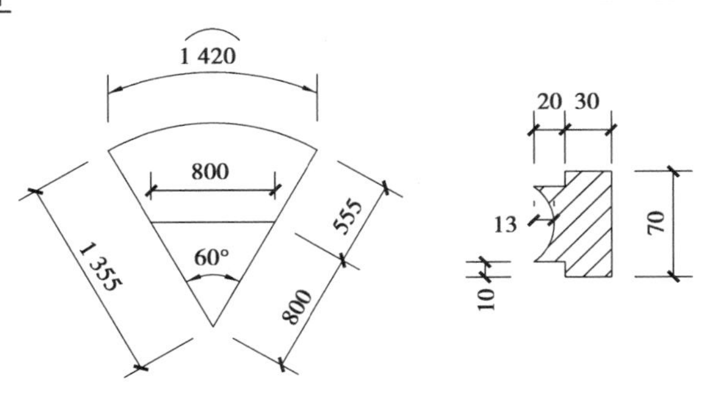
1 420
800
60°
1 355
555
800
单边漏窗定位图
20 30
13
70
10
单边漏窗边框大样

1

图 6.8　仿古景墙

［解］ 分部分项工程量计算式详见表6.2。

表6.2 分部分项工程量计算表

工程名称:仿古景墙

编号	工程量计算式	单位	标准工程量
	1.土(石)方工程		
010101003001	挖沟槽土方 挖土深度:1.2 m	m^3	23.05
	(7.2+4.2−0.3+0.1×2)×(1.1+0.3×2)×1.2		23.05
010501001001	垫层 1.混凝土种类:商品混凝土 2.混凝土强度等级:C10	m^3	1.24
	(7.2+4.2−0.3+0.1×2)×1.1×0.1		1.24
010401001001	砖基础 1.基础类型:三级条形基础 2.砖品种、规格、强度等级:标准页岩砖 3.灰浆品质及配合比:M10	m^3	7.66
	(0.3×0.9+0.3×0.7+0.3×0.5+0.2×0.3)×(7.2+4.2−0.3)		7.66
010103001001	回填方 填方来源、运距:原土	m^3	14.15
	23.05−1.24−7.66		14.15
010103002001	余土弃置 运距:100 m	m^3	8.90
	1.24+7.66		8.90
	2.砖作工程		
020101003001	糙砖实心墙 1.砌墙厚度:240~300 mm 2.用砖品种规格:标准页岩砖 3.灰浆品种及配合比:M5	m^3	6.36
300墙	(0.6+0.12+0.08)×0.3×(7.2+4.2−0.3)		2.66
240墙	((1.2+0.24)×(7.2+4.2−0.3)−0.68漏窗窗芯×3−1.4边框)×0.24		3.01
墙帽	((0.05+0.05+0.03)×2+0.24)×0.25/2×(7.2+4.2−0.3)		0.69
020103002001	糙砖砖檐 1.砖檐种类、层数:抽屉檐 2.砌筑方式:标准页岩砖 3.灰浆品种及配合比:M5	m	22.20
	(7.2+4.2−0.3)×2		22.20

续表

编号	工程量计算式	单位	标准工程量
020105005001	镶边 1.线脚宽度、线脚 形式:宽 150,一道半混 2.方砖品种、规格、强度等级:青砖 240 mm×150 mm×80 mm 3.砂浆种类、强度 等级及配合比:细灰	m	22.20
	(7.2+4.2−0.3)×2		22.20
020102003001	贴勒脚 1.贴面分块尺寸:400 mm×400 mm×40 mm 2.用砖品种、规格、强度等级:青砖 3.砂浆种类、强度等级及配合比:水泥砂浆 1∶1	m^2	13.32
	(7.2+4.2−0.3)×2×0.6		13.32
020102004001	贴角景墙面 1.角景贴面分块尺寸:300 mm×300 mm×30 mm 2.用砖品种、规格、强度等级:青砖 3.砂浆种类、强度等级及配合比:水泥砂浆 1∶1	m^2	21.14
	(7.2+4.2−0.3)×1.2×2		26.64
窗芯	−2.05×2 面		−4.10
窗边框	−1.43		−1.40
020105004001	门窗砌套 直折线形 窗边框 1.构件规格尺寸:150 mm×70 mm×50 mm 2.线脚类型:单边双出口 3.方砖品种、规格、强度等级:青砖 4.构件形式:见大样图	m	11.46
	(0.555×2+0.8)×3 个×2 面		11.46
020105004002	门窗砌套 曲弧线形 窗边框 1.构件规格尺寸:150 mm×70 mm×50 mm 2.构件形式:见大样图 3.线脚类型:单边双出口 4.方砖品种、规格、强度等级:青砖	m	8.52
	1.42×3 个×2 面		8.52
020106002001	砖瓦漏窗 窗芯形式:全张瓦片	m^2	2.05
	$(3.14\times(0.555+0.8)^2\times60/360-0.8\times0.693/2)\times3$		2.05
桂 020110033001	砖细刨边 1.砖类型:青砖 2.抛方类型及高度:圆口 50 mm 厚	m	22.20
	(7.2+4.2−0.3)×2		22.20

续表

编号	工程量计算式	单位	标准工程量
	3.屋面工程		
020603003001	琉璃屋脊 1.屋脊类型:围墙脊 2.高度:300 3.制品种类规格尺寸:琉璃 300 mm×240 mm×300 mm 4.坐浆配合比及强度等级:水泥砂浆 1∶2	m	11.10
	7.2+4.2−0.3		11.10
020603001001	琉璃屋面 1.铺设类型:围墙瓦面 2.瓦件类型:琉璃瓦 3.瓦件规格尺寸:底 290 mm×200 mm;盖 260 mm×130 m 4.坐浆配合比及强度等级:石灰砂浆 1∶2	m^2	7.77
	//檐高 0.25		
	//檐宽{(0.05+0.05+0.03)×2+0.24}/2=0.25		
	//sqrt($0.25^2+0.25^2$)= 0.35		
	0.35×2×(7.2+4.2−0.3)		7.77

分部分项工程量清单综合单价分析表详见表 6.3。

知识点:借用建筑装饰装修工程消耗量定额子目需采用其相应的管理费和利润费率;如涉及模板计价应在该混凝土构件的清单项目中综合报价。

表 6.3　工程量清单综合单价分析表

工程名称:仿古景墙

序号	项目编码	项目名称及项目特征描述	单位	工程量	综合单价/元	综合单价				
						人工费	材料费	机械费	管理费	利润
分部分项工程										
		A.1 土(石)方工程								
1	010101003001	挖沟槽土方 1.挖土深度:1.2 m	m^3	23.05	44.88	33.53		0.04	7.33	3.98
	D1-438 换	人工 挖沟槽、基坑土方	100 m^3	0.230 5	4 488.14	3 352.75		4.37	733.20	397.82
2	010501001001	垫层 1.混凝土种类:商品混凝土 2.混凝土强度等级:C10	m^3	1.24	898.20	324.85	438.28	7.08	95.56	32.43

续表

序号	项目编码	项目名称及项目特征描述	单位	工程量	综合单价/元	综合单价				
						人工费	材料费	机械费	管理费	利润
	D1-463 换	人工操作 混凝土｛换：碎石GD20 商品普通混凝土 C10｝	m^3	1.24	420.16	128.27	248.68		28.01	15.20
	A17-1 换	混凝土基础垫层 木模板木支撑	100 m^2	0.271 2	2 185.72	898.83	866.89	32.35	308.87	78.78
3	010401001001	砖基础 1.基础类型：三级条形基础 2.砖品种、规格、强度等级：标准页岩砖 3.灰浆品质及配合比：M10	m^3	7.66	477.98	124.65	305.01	4.73	28.26	15.33
	D2-1 换	标准砖 基础（含柱基）｛换：水泥砂浆中砂M10｝	10 m^3	0.766	4 779.77	1 246.51	3 050.14	47.25	282.56	153.31
4	010103001001	回填方 1.填方来源、运距：原土	m^3	14.15	27.12	18.35		1.94	4.43	2.40
	D1-439	人工 夯填土方	100 m^3	0.141 5	2 711.64	1 834.56		193.75	442.98	240.35
5	010103002001	余土弃置 1.运距：100 m	m^3	8.90	30.90	23.11			5.05	2.74
	D1-446 换	人工运土方 运距 20 m 以内［实际 100］	100 m^3	0.089 0	3 089.13	2 310.67			504.65	273.81
		2.砖作工程								
6	020101003001	糙砖实心墙 1.砌墙厚度：240~300 mm 2.用砖品种规格：标准页岩砖 3.灰浆品种及配合比：M5	m^3	6.36	536.37	158.23	318.51	4.73	35.59	19.31

续表

序号	项目编码	项目名称及项目特征描述	单位	工程量	综合单价/元	综合单价				
						人工费	材料费	机械费	管理费	利润
	D2-3 换	标准砖 直墙 混水墙{水泥石灰砂浆中砂 M5}	10 m^3	0.636	5 363.69	1 582.33	3 185.10	47.25	355.90	193.11
7	020103002001	糙砖砖檐 1.砖檐种类、层数:抽屉檐 2.砌筑方式:标准页岩砖 3.灰浆品种及配合比:M5	m	22.20	31.90	15.64	10.86	0.10	3.44	1.86
	D2-29 换	菱角檐 抽屉檐{水泥砂浆细砂 M5}	10 m	2.220	318.97	156.35	108.63	0.99	34.36	18.64
8	020105005001	镶边 1.线脚宽度、线脚形式:宽150,一道半混 2.方砖品种、规格、强度等级:青砖 240 mm×150 mm×80 mm 3.砂浆种类、强度等级及配合比:细灰	m	22.20	107.27	62.42	23.82		13.63	7.40
	D2-85 换	镶边 一道枭混线脚 宽 15 cm 以内	10 m	2.220	1 072.69	624.20	238.19		136.33	73.97
9	020102003001	贴勒脚 1.贴面分块尺寸:400 mm×400 mm×40 mm 2.用砖品种、规格、强度等级:青砖 3.砂浆种类、强度等级及配合比:水泥砂浆 1:1	m^2	13.32	399.22	215.31	111.38		47.02	25.51

续表

序号	项目编码	项目名称及项目特征描述	单位	工程量	综合单价/元	综合单价				
						人工费	材料费	机械费	管理费	利润
	D2-55 换	砖细贴面 勒脚细 40 mm×40 cm 以内	10 m^2	1.332	3 992.21	2 153.07	1 113.77		470.23	255.14
10	020102004001	贴角景墙面 1.角景贴面分块尺寸:300 mm×300 mm×30 mm 2.用砖品种、规格、强度等级:青砖 3.砂浆种类、强度等级及配合比:水泥砂浆 1:1	m^2	21.14	508.19	264.69	154.32		57.81	31.37
	D2-60 换	砖细贴面 斜角景 30 mm×30 cm 以内	10 m^2	2.114	5 081.84	2 646.93	1 543.16		578.09	313.66
11	020105004001	门窗砌套 直折线形 窗边框 1.构件规格尺寸:150 mm×70 mm×50 mm 2.线脚类型:单边双出口 3.方砖品种、规格、强度等级:青砖 4.构件形式:见大样图	m	11.46	592.30	389.64	67.50	2.91	85.73	46.52
	D2-87 换	砖细矩形漏窗边框 单边双出口	10 m	1.146	5 922.95	3 896.35	674.96	29.14	857.33	465.17

续表

序号	项目编码	项目名称及项目特征描述	单位	工程量	综合单价/元	综合单价				
						人工费	材料费	机械费	管理费	利润
12	020105004002	门窗砌套 曲弧线形 窗边框 1.构件规格尺寸:150 mm×70 mm×50 mm 2.构件形式:见大样图 3.线脚类型:单边双出口 4.方砖品种、规格、强度等级:青砖	m	8.52	721.67	486.47	67.42	2.91	106.88	57.99
	D2-87 换	砖细矩形漏窗边框 单边双出口	10 m	0.851	7 225.21	4 870.44	674.96	29.14	1 070.07	580.60
13	020106002001	砖瓦漏窗 1. 窗芯形式:全张瓦片	m^2	2.05	538.48	367.08	45.47	1.69	80.54	43.70
	D2-93 换	一般矩形漏窗全张瓦片{纸筋石灰浆}	10 m^2	0.205	5 384.84	3 670.82	454.69	16.93	805.40	437.00
14	桂 020110033001	砖细刨边 1.砖类型:青砖 2.抛方类型及高度:圆口 50 mm 厚	m	22.20	49.42	36.87	0.13		8.05	4.37
	D2-40	方砖刨边(缝)圆口 人工加工	10 m	2.220	494.20	368.68	1.31		80.52	43.69
		3.屋面工程								
15	020603003001	琉璃屋脊 1.屋脊类型:围墙脊 2.高度:300 3.制品种类规格尺寸:琉璃 300 mm×240 mm×300 mm 4.坐浆配合比及强度等级:水泥砂浆 1:2	m	11.10	144.35	46.61	82.04		10.18	5.52

续表

序号	项目编码	项目名称及项目特征描述	单位	工程量	综合单价/元	综合单价				
						人工费	材料费	机械费	管理费	利润
	D2-773 换	围墙脊 双落水 2#脊头{换:碎石 GD20 商品普通混凝土 C15}	10 m	1.110	1 443.53	466.09	820.42		101.79	55.23
16	020603001001	琉璃屋面 1.铺设类型:围墙瓦面 2.瓦件类型:琉璃瓦 3.瓦件规格尺寸:底 290 mm×200 mm;盖 260mm×130 mm 4.坐浆配合比及强度等级:石灰砂浆 1:2	m^2	7.77	172.40	77.70	68.52		16.97	9.21
	D2-784 换	3#琉璃瓦围墙瓦顶 宽 85 cm 双落水{石灰砂浆 1:3}	10 m	1.110	1 206.78	543.89	479.65		118.79	64.45
单价措施项目										
17	桂 011701003001	外装修脚手架 1.脚手架材质:钢管	m^2	59.21	21.84	11.98	4.09	0.55	4.16	1.06
	A15-5 换	扣件式钢管外脚手架 双排 10 m 以内	100 m^2	0.592 1	2 183.98	1 198.20	409.44	54.74	415.60	106.00

思考与练习题

某公园的景墙如图 6.9 所示,试计算分部分项工程量清单综合单价。

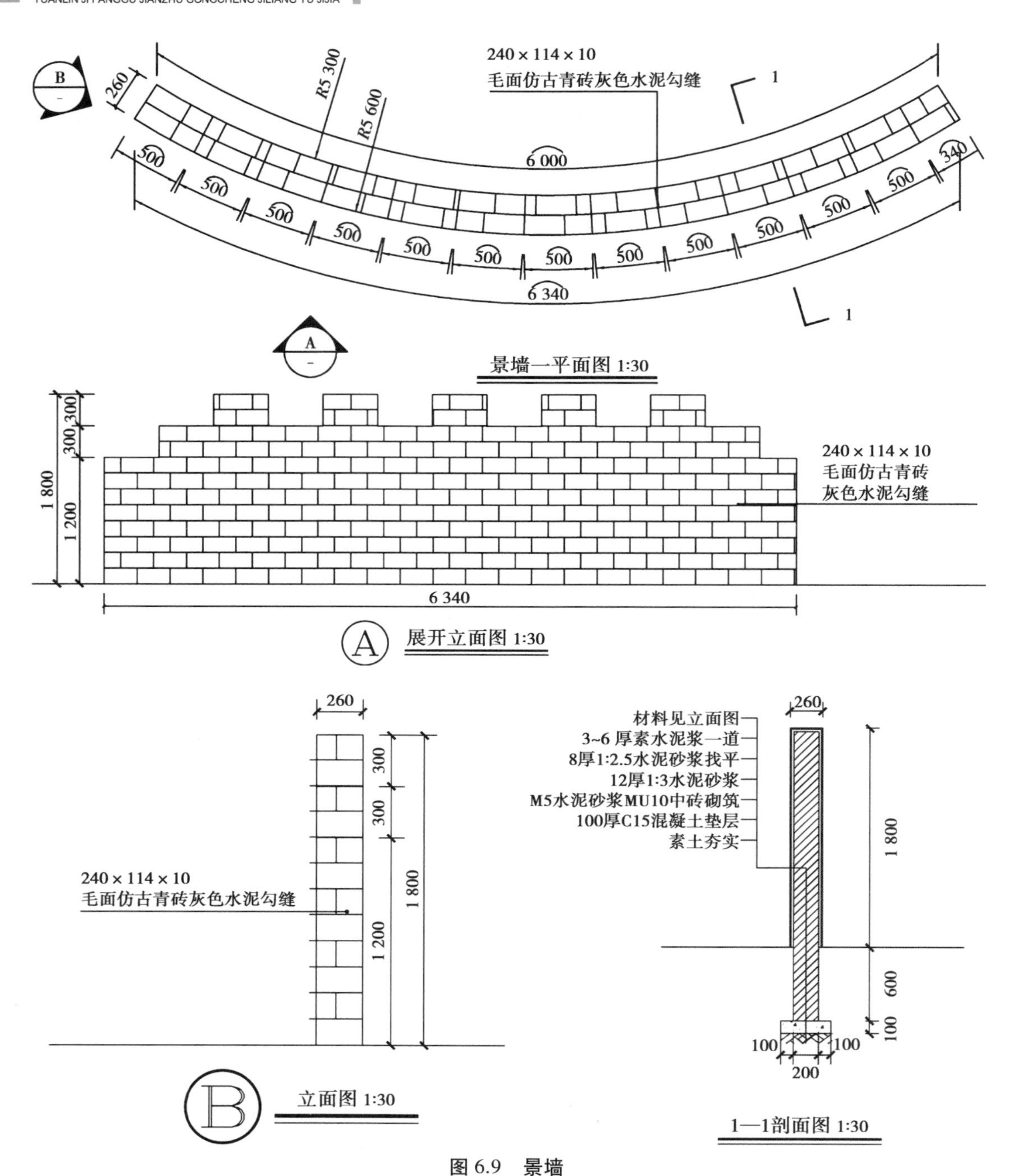
240×114×10
毛面仿古青砖灰色水泥勾缝
R5 300
R5 600
260
6 000
500
340
6 340
景墙一平面图 1:30
1 800
1 200
300
300
展开立面图 1:30
260
立面图 1:30
材料见立面图
3~6 厚素水泥浆一道
8厚1:2.5水泥砂浆找平
12厚1:3水泥砂浆
M5水泥砂浆MU10中砖砌筑
100厚C15混凝土垫层
素土夯实
600
100
200
1—1剖面图 1:30

图 6.9　景墙

第 7 章

FANGGU
MUZUO
GONGCHENG

仿古木作工程

【本章主要内容及教学要求】

本章主要讨论仿古木作工程的项目划分、工程量计算和综合单价计算等问题。通过本章学习,要求:

★ 熟悉仿古木作工程的相关知识。
★ 熟悉仿古木作工程清单分项的划分标准。
★ 掌握仿古木作工程的工程量计算规则。
★ 掌握仿古木作工程的综合单价分析计算方法。

7.1 相关知识

7.1.1 木构件

木构件及木基层是古建房屋的主体承重构件,包括硬、悬山式建筑、歇山式建筑、庑殿式建筑、攒尖顶亭式建筑和游廊、垂花门、木牌楼等建筑所用的柱、梁枋板等及其木构配件。

1)柱

柱子的名称很多,按所处位置和作用不同,就有不同的名称,如檐柱、金柱、山柱、中柱、立柱、梅花柱、廊柱、步柱、抱柱、童柱(矮柱)、瓜柱、柁墩、雷公柱、灯笼柱、垂柱;按所用材料分为石柱、砖柱、砌块柱、木柱、钢柱、钢筋混凝土柱等。

(1)瓜柱

瓜柱是指立于正身架梁上的矮柱,根据所处位置不同分为脊瓜柱、金瓜柱、交金瓜柱等。支撑脊檩的称"脊瓜柱"、支撑金檩的称"金瓜柱"、支撑两相互搭交金檩的称"交金瓜柱,具体如图 7.1 所示。

(2)雷公柱、灯笼柱与草架柱子

①雷公柱是指支撑庑殿脊檩和亭子由戗悬点的柱子。庞殿和大型亭子的雷公柱一般落

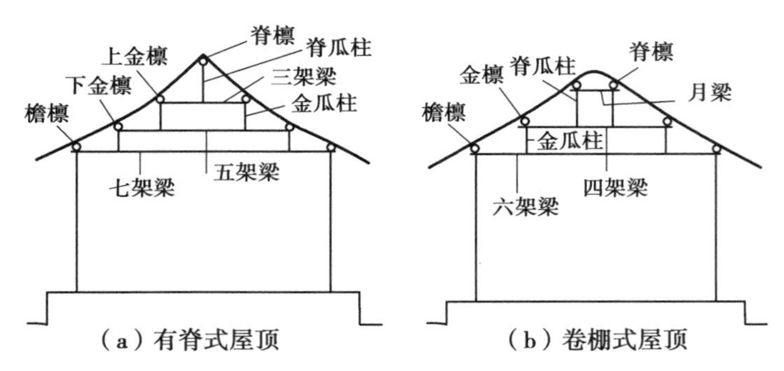

图 7.1 屋架简图

脚于太平梁上,在庑殿木构架中其是支撑推山部位脊檩的端点,如图 7.2(a)所示。在亭子攒尖顶木构架中作为各由戗的上支撑点。一般小型亭子的雷公柱作成悬空垂头柱,其下端为悬空带雕刻花纹的垂头。垂头的雕刻有莲瓣形(称为莲瓣芙蓉垂头)和柳叶形(称为风摆柳垂头),如图 7.2(b)(c)所示。

②灯笼柱是指歇山建筑和庑殿建筑转角处以及垂花门的屋檐下所悬吊的垂柱,由两个方向的檐枋交叉承接垂柱,灯笼柱的做法与亭子雷公柱相同,如图 7.2 所示。

③草架柱子是支撑檩木端头的立柱,如图 7.2 所示。

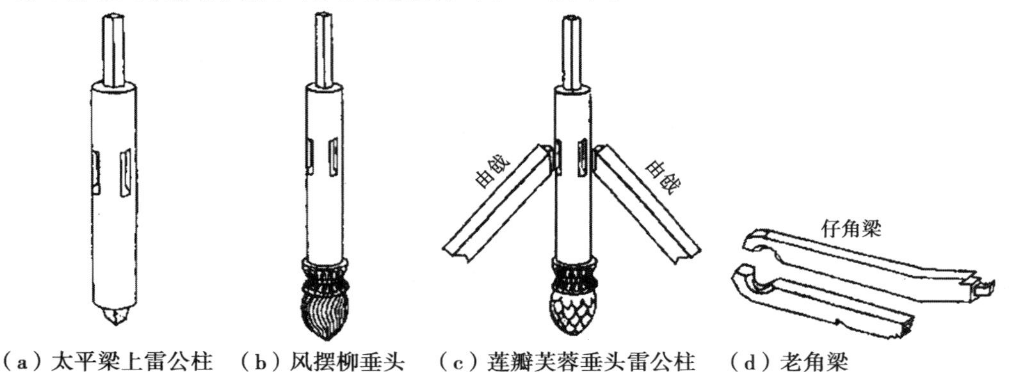

图 7.2 亭子建筑的雷公柱、老角梁、仔角梁

2)梁

梁的种类很多,主要分为桃尖、麻叶头梁、架梁、步梁、抱头梁、采步金、扒梁、太平梁、大梁、山界梁、双步梁、承重梁、轩梁、荷包梁等,如图 7.3 所示。

3)枋

枋是联系柱与柱、梁与梁的横木构件,其作用是加强木构架的稳定性。枋的类型也很多,如额枋、桁檩枋、箍头枋、穿插枋、跨空枋、棋枋、间枋、天花枋、承椽枋、平板枋等,如图 7.4 所示。

4)桁檩、扶脊木、角梁、由戗

①桁和檩都是屋面基层下的圆条木或方木条,在带斗拱的大式建筑中称为"桁"或"桁条",在其他一般建筑中称为"檩"或"檩木"。根据所处位置不同分为檐檩(桁)、金檩(桁)、脊檩(桁),如图 7.5 所示。

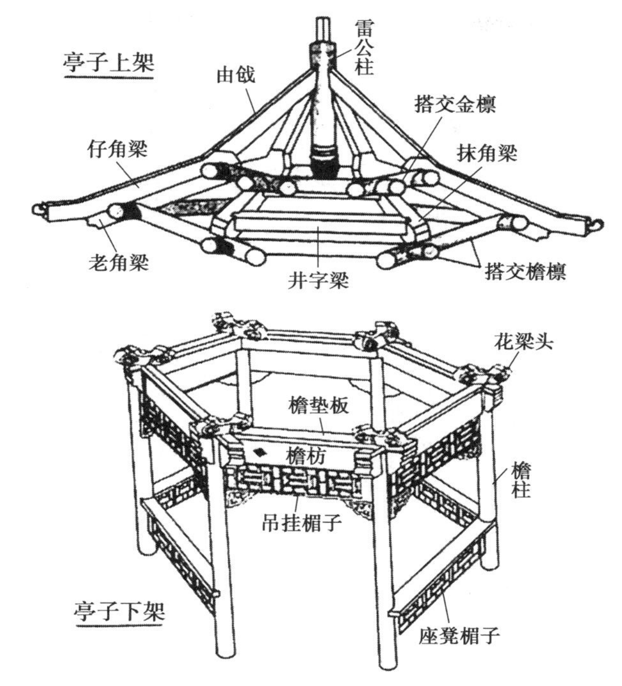

图 7.3　六角亭木构架

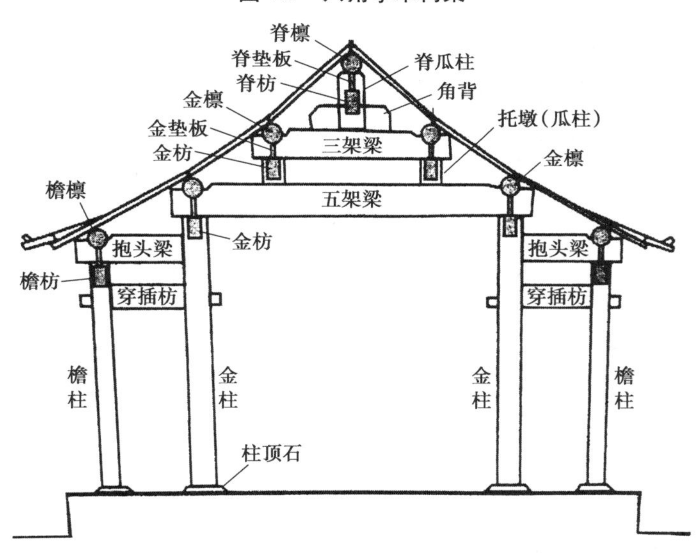

图 7.4　各种枋简图

②扶脊木又称帮脊木，是屋顶正脊处，位于在脊檩上，所用的是一条六角断面的木件。它的长、径与脊檩尺寸相同。两侧斜面按脊部举架加斜，并做成一排圆洞以承受脑椽上端。其截面有矩形、圆形、六角形，两侧与脑椽相交，如图 7.5 所示。

③角梁，是屋顶转角部位增加屋面起翘度的斜梁，分上下两根叠合而成，上面的称为“仔角梁”，下面的称为“老角梁”，如图 7.6 所示。角梁即南方地区的戗木，仔角梁即嫩戗木，老角梁即老戗木。其中老戗木主要承受屋面荷重，嫩戗木主要增加梁的起翘度。

④由戗又称“续角梁”，它是角梁后尾延长至屋脊处的一种角梁，如图 7.7 所示。

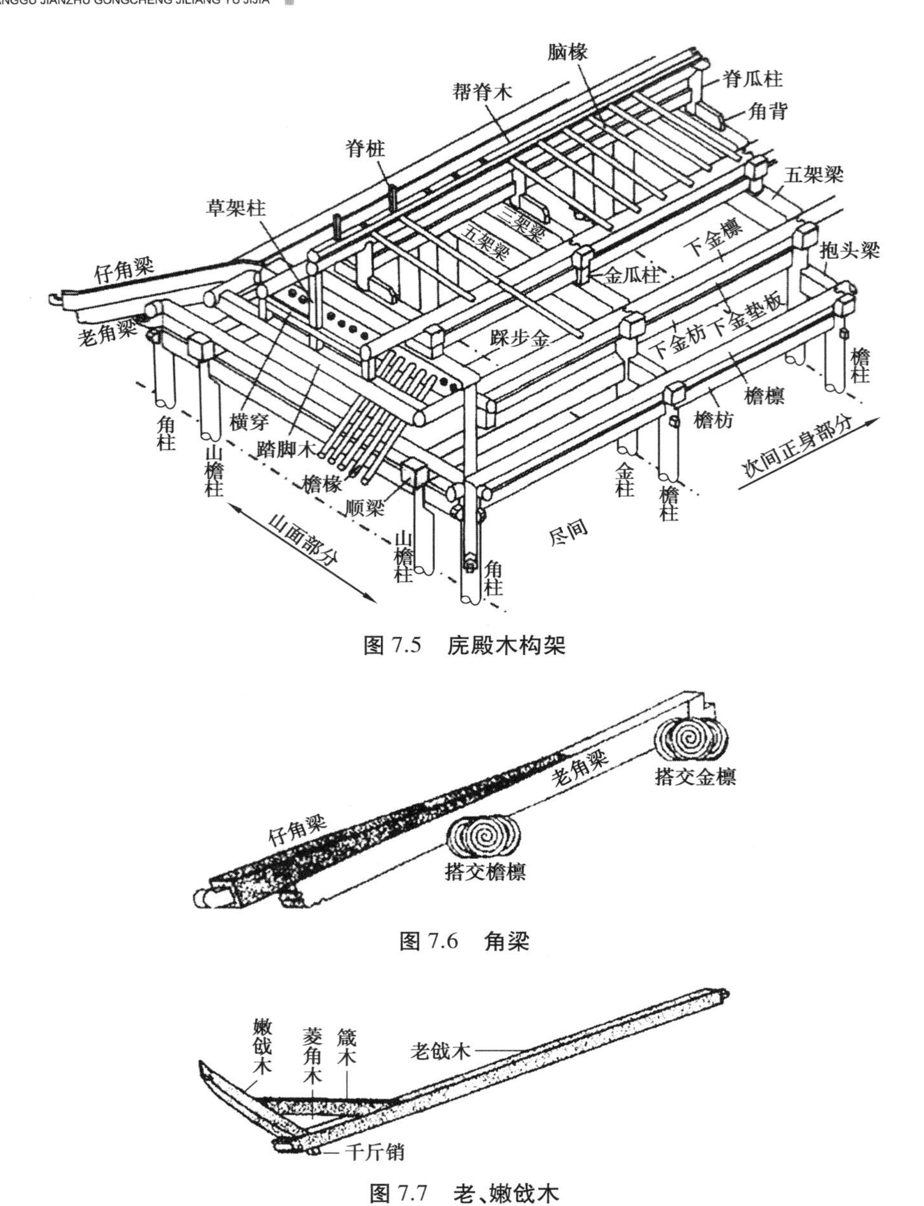

图 7.5 庑殿木构架

图 7.6 角梁

图 7.7 老、嫩戗木

7.1.2 木基层、板类

木基层指屋面瓦作部分以下，屋构架梁檩以上的木构件底层，包括直椽、飞椽、枕头木、望板、大连檐、小连檐、瓦口木、闸挡板等构部件，如图 7.8 所示。

(1)圆(方)直椽

直椽是指搁置在桁檩之上正身部分的椽子，称为“正身直椽”，又因为其一般都为圆形截面，所以又称为圆直椽，但有些小型建筑采用方形截面，称为方直椽。它们都是屋面木基层部分最底层的木构件，如图 7.8 所示。

(2)圆(方)翼角椽

翼角椽是指屋面转角(即角梁的左右)与正身相交 45°范围内的椽子。在这一范围内的

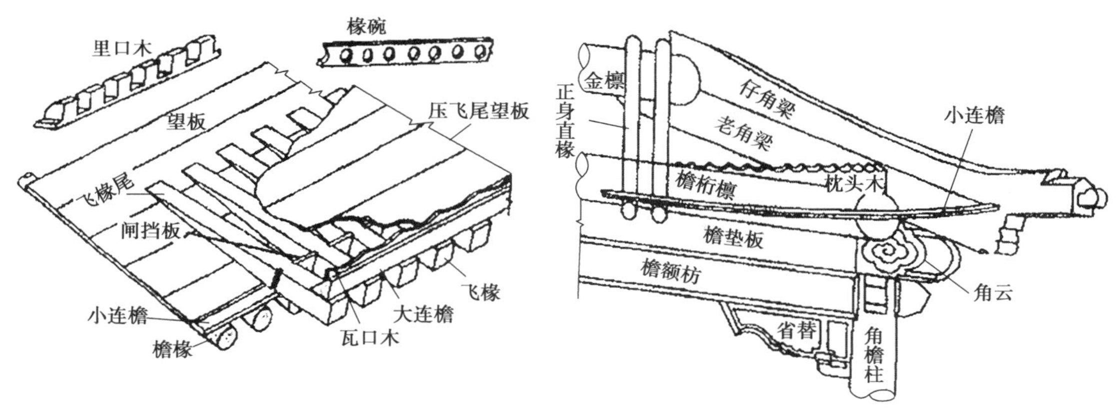

图 7.8　屋面木基层构件

椽子，由正身部位到上翘的角梁，每根椽子的檐头都要与正身直椽逐渐倾斜一定角度放置，离正身部分最后一根直椽越远，则倾斜角越大。

这些转角部分的椽子都是搁置在枕头木（图 7.8）的碗槽上。直椽采用圆形截面者，则翼角椽也采用圆形截面，方直椽者采用方翼角椽。

（3）飞椽

飞椽又称“椽飞”，是直椽望板之上的檐口部位椽子。所谓“飞”，就是飞出（挑出）檐椽之外，它本身分为前后两段，前段挑出是一矩形截面；后段为一楔形长尾，压贴在望板上，如图 7.8 所示。飞椽一般与正身直椽相对位置放置，只是要挑出直椽端头之外。

（4）翘飞椽

翘飞椽是指翼角部位的飞椽，它一般按相对翼角椽的位置放置。翘飞椽与飞椽的区别就是翘飞椽要较飞椽逐渐上翘和飞出一个距离，这个距离是按“冲三翘四”原则确定的。“冲三”是指翼角部分较正身部分要挑出 3 倍椽径，“翘四”是指翼角部分较正身部分要翘起 4 倍椽径。不管是翼角椽还是翘飞椽，都按这一原则处理。

（5）闸挡板（里口木）

闸挡板是安装在檐口处飞椽之间，堵塞飞椽空当的挡板。因为，在飞椽与直椽之间隔有一层望板，飞椽钉在望板之上，而在飞椽之上还要钉一层“压飞尾望板”，这样，在两望板之间的空洞，很适宜雀鸟做窝，但影响房屋的保温，为此，特用闸挡板将檐口堵死。在比较讲究的建筑上，多采用“里口木”来代替闸挡板，如在南方地区常采用里口木，在沿出檐椽端头线弧形上升并形成斜锯齿形，所以又称为“关刀里口木”，如图 7.9 所示。

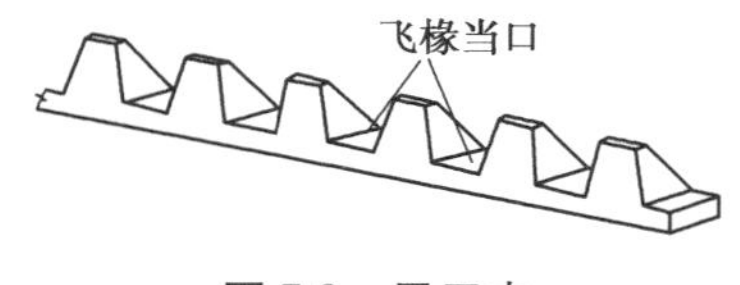

图 7.9　里口木

（6）望板

望板是铺在直椽和翼角椽上，作为屋面瓦作的基层底板，如图 7.8 所示。毛望板是指对板缝没有严格要求，板面也不需刨光的一种做法。

（7）博缝（风）板

博缝板又称博风板，是房屋桁檩伸出山墙端头起保护和装饰作用的木板，一般只有悬山建筑和歇山建筑的山面才有此板，硬山建筑的山面大多采用博缝砖。

7.1.3 斗拱

斗拱是中国汉族建筑特有的一种结构。在立柱顶、额枋和檐檩间或构架间，从枋上加的一层层探出成弓形的承重结构称为拱，拱与拱之间垫的方形木块称为斗，合称斗拱。它具有承重、抗震、装饰和建筑等级的标志等作用，如图 7.10 所示。

图 7.10 斗拱

按斗拱在建筑物上所处的部分可以分为两大类。

(1)外檐斗拱

外檐斗拱主要包括 5 种形式，如图 7.11 所示。

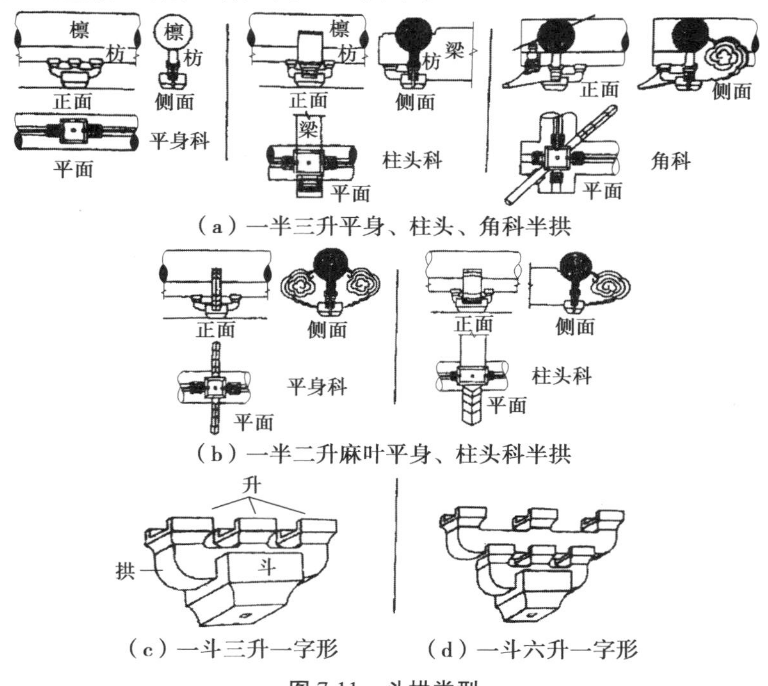

图 7.11 斗拱类型

①柱头斗拱。直接座于柱头上。宋代称为“柱头铺作”,清代称为“柱头科”。

②柱间斗拱。位于两柱之间的额枋或平板枋上。宋代称为“补间铺作”,清代称为“平身科”。

③转角斗拱。位于角柱上。宋代称为“角铺作”,清代称为“角科”。

④溜金斗拱。指在檐柱轴线位置上的斗拱,在明清时期由带下昂的平身科斗拱转化而来。

⑤平座斗拱。多指多层建筑在二层以上所伸出去的外走廊,位于平座下面,用于支撑平座。

每一组斗拱,宋代称为“一朵”,清代称为“一攒”。

(2)内檐斗拱

内檐斗拱主要包括品字科斗拱和隔架斗拱两大类。

7.1.4 倒挂楣子、花牙子

(1)倒挂楣子

倒挂楣子因其位置是吊挂在檐枋之下,所以一般称为“吊挂楣子”,也有的称为“木挂落”。它同隔扇的心屉一样,用棂条做成各种花纹图案,常见的有步步紧、灯笼锦、盘肠纹、金钱如意、万字拐子、斜万字、龟背锦、冰裂纹等,如图 7.12 所示。

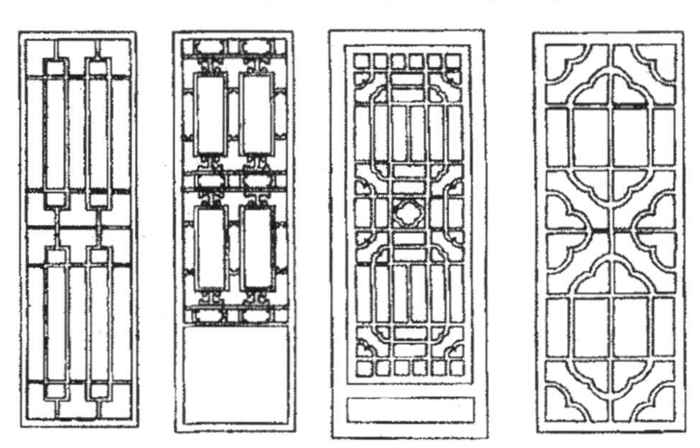

(a)灯笼锦心屉

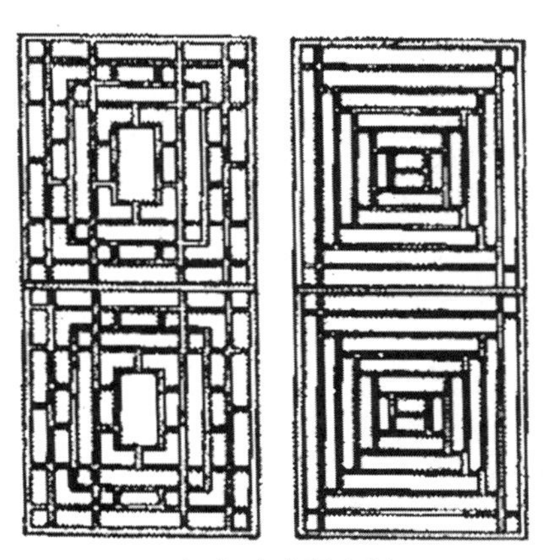

(b)步步紧心屉

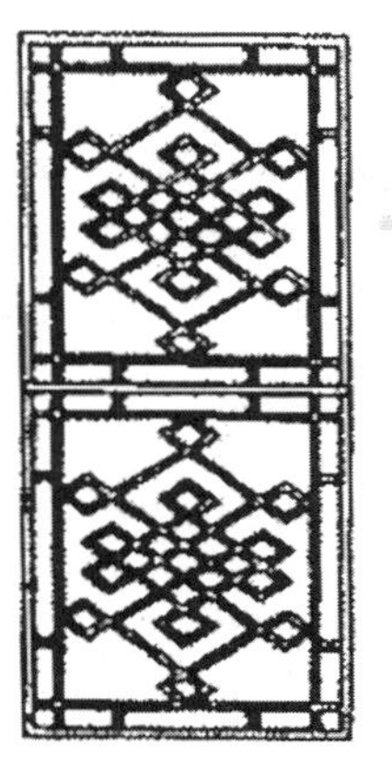

(c)盘肠纹文屉

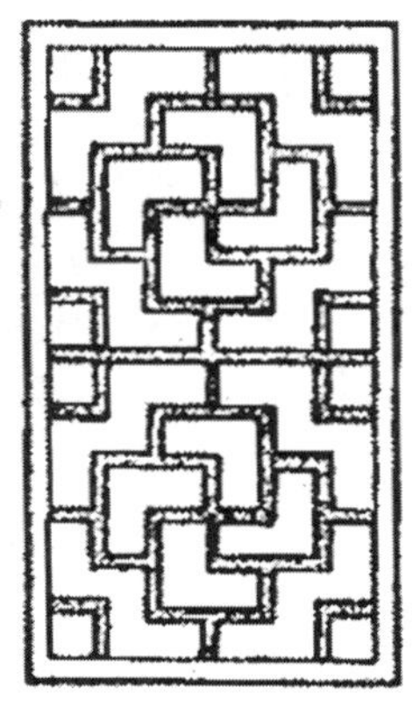

(d)正万字拐子锦

(e)斜万字心屉

（f）龟背锦心屉　　（g）冰裂纹心屉

图 7.12　倒挂楣子图案类型

楣子是由外框、心屉和附加花牙子等组成。因外框与心屉组合结构不同，分为硬樘和软樘两种。硬樘结构有两道木框，外框称为大边，内框称为仔边，即其由外框内镶嵌带仔边心屉而成。软樘结构只有外框而没有仔边，即在外框内直接做无仔边的心屉，如图 7.13 所示。

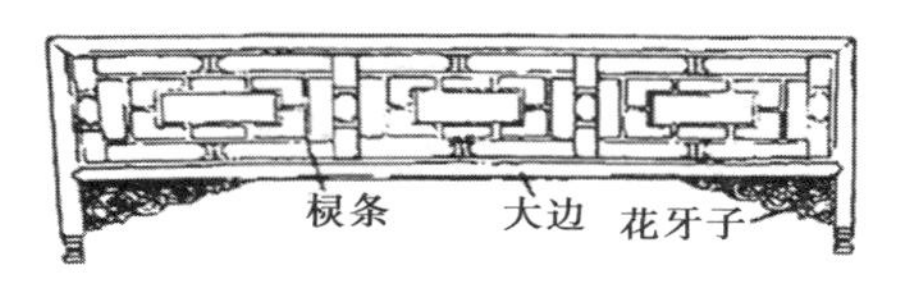

（a）软樘倒挂楣子（步步锦）

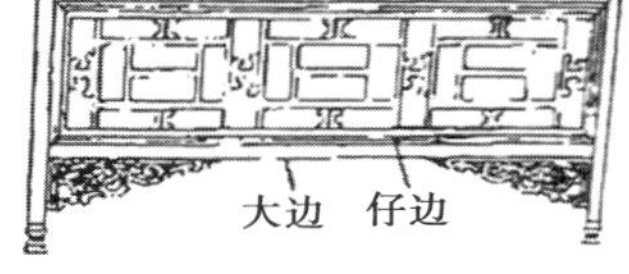

（b）硬樘倒挂楣子（步步锦）

图 7.13　软樘、硬樘倒挂楣子

（2）花牙子

花牙子是倒挂楣子下端转角处的装饰构件，按所处结构位置的不同分为普通花牙子和骑马牙子。普通花牙子用于横直线的倒挂楣子上，骑马牙子用于纵横交叉的倒挂楣子上，如垂花门中帘笼枋与穿插枋下的倒挂楣子上。

花牙子一般都做雕刻花纹，花纹形式很多，大致可分为两类，即卷草菱龙类和四季花草类。“菱龙”是传说中的一种怪兽，因它身体似草，形态似龙，故有人称它为“草龙”。四季花草有各种花形，如卷草、竹叶、梅花、葫芦等，如图 7.14 所示。

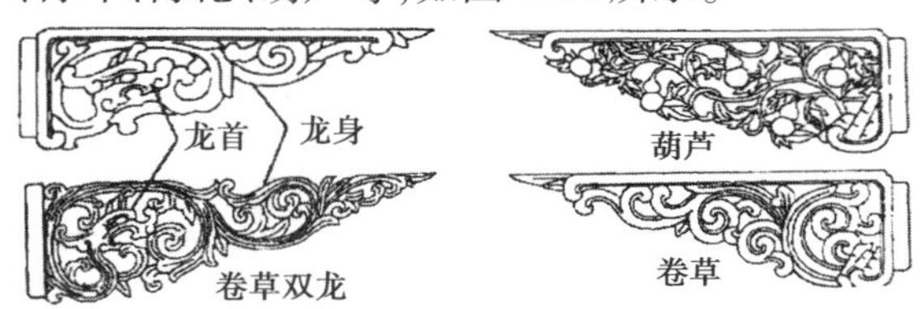

图 7.14　花牙子

7.2　清单项目划分

根据《2013 工程量计算规范广西壮族自治区实施细则》将砖木作工程划分柱；梁；桁（檩）、枋、替木；搁栅；椽；戗角；斗拱；木作配件；古式门窗；古式栏杆；鹅颈靠背、楣子、飞罩等；墙地板及天花；匾额、楹联（对联）及博古架（多宝格）和木作防火处理等 14 个项目。常用的工程量清单项目设置及工程量计算规则，应按表 7.1 的规定执行。

表 7.1　常用的工程量清单项目

项目编码	项目名称	项目特征	计量单位	工程量计算规则	工程内容
020501003	方柱	1.构件名称类别 2.木材品种 3.构件规格 4.刨光要求 5.防护材料种类、涂刷遍数	m^3	按设计图示尺寸的竣工木构件以体积计算	1.收分、锯榫、卷杀、汇榫、刨光制作 2.安装 3.刷防护材料
020501004	童（瓜）柱				
020501005	雷公柱（灯心木）				
020501006	垂莲（吊瓜）柱				
桂 020501010	圆柱	1.构件名称、类别 2.木材品种 3.构件规格 4.刨光要求 5.防护材料种类、涂刷遍数	m^3	按设计图示尺寸的竣工木构件以体积计算	1.收分、锯榫、卷杀、汇榫、刨光制作 2.安装 3.刷防护材料
桂 020501011	多角柱				
020502002	矩形梁	1.构件名称类别 2.木材品种 3.构件规格 4.刨光要求 5.防护材料种类、涂刷遍数 6.雕刻要求	m^3	按设计图示尺寸的竣工木构件以体积计算	1.挖底、拔亥、锯榫、汇榫制作 2.安装 3.刷防护材料 4.雕刻
桂 020502006	圆梁	1.构件名称类别 2.木材品种 3.构件规格 4.刨光要求 5.防护材料种类、涂刷遍数	m^3	按设计图示尺寸的竣工木构件以体积计算	1.挖底、拔亥、锯榫、汇榫制作 2.安装 3.刷防护材料
020503002	方桁（檩）	1.构件名称类别 2.木材品种 3.刨光要求 4.防护材料种类、涂刷遍数	m^3	按设计图示尺寸的竣工木构件以体积计算	1.出榫、刨光、制作 2.安装 3.刷防护材料
020503003	替木		块	按设计图示数量计算	

续表

项目编码	项目名称	项目特征	计量单位	工程量计算规则	工程内容
020503004	额枋	1.构件名称类别 2.木材品种 3.刨光要求 4.防护材料种类、涂刷遍数	m^3	按设计图示尺寸的竣工木构件以体积计算	1.出榫、刨光、制作 2.安装 3.刷防护材料
020503005	平板枋				
020503006	随梁枋				
020503007	承椽枋				
020503008	扶脊木	1.构件形制 2.木材品种 3.防护材料种类、涂刷遍数	m^3	按设计图示尺寸的竣工木构件以体积计算	1.出榫、刨光、制作 2.安装 3.刷防护材料
020503009	圆桁(檩)	1.构件名称、类别 2.木材品种 3.刨光要求 4.防护材料种类、涂刷遍数	m^3	按设计图示尺寸的竣工木构件以体积计算	1.出榫、刨光、制作 2.安装 3.刷防护材料
020505001	圆及荷包形椽	1.构件截面尺寸 2.木材品种 3.刨光要求 4.防护材料种类、涂刷遍数	1. m 2.根	1.以 m 计量,按设计图示长度计算 2.以根计量,按设计图示数量计算	1.刨光制作 2.安装 3.刷防护材料
020505002	矩形椽				
020505003	矩形罗锅(轩)椽				
020505004	圆形椽				
020505005	圆形罗锅(轩)椽				
020505006	茶壶挡椽	1.构件截面尺寸 2.木材品种 3.刨光要求 4.防护材料种类、涂刷遍数			1.刨光、制作、椽头卷杀 2.安装 3.刷防护材料
020505007	矩形飞椽				
020505009	圆形飞椽				
020505010	圆形翼角椽				
020505011	矩形翼角椽				
桂 020505012	翘飞椽		攒	按设计图示数量计算	
020506001	老角梁、由戗	1.木材品种 2.角度和刨光要求 3.雕刻要求	m^3	按设计图示尺寸的竣工木构件以体积计算	1.刨光吗,开榫,汇榫 2.角、弧度制作 3.雕刻戗头 4.安装
020506002	仔角梁				
020506003	踩步金				
020506004	虾须木				
020506005	菱角木				
020506006	戗山木				
020507001	平身科斗拱	1.构件名称、类型 2.用材尺寸 3.木材品种 4.刨光要求 5.时代特征 6.雕刻纹样	攒(座)	按设计图示数量计算	1.刨光,斗、拱、昂、耍头卷杀制作 2.雕刻麻叶头,菊花头等制作 3.安装
020507002	柱头科斗拱				
020507003	角科斗拱				
020507004	网形科斗拱				
020507005	其他科斗拱				

续表

项目编码	项目名称	项目特征	计量单位	工程量计算规则	工程内容
020508009	角云、捧(抱)梁云	1.构件尺寸 2.木材品种 3.刨光要求 4.雕刻纹样 5.防护材料种类、涂刷遍数	块(只)	按设计图示数量计算	1.制作 2.雕刻 3.安装 4.刷防护材料
020508010	雀替				
020508011	插角、花牙子				
020508016	大连檐(里口木)	1.断面尺寸 2.木材品种 3.刨光要求 4.防护材料种类、涂刷遍数	m	按设计图示长度以延长米计算	1.刨光制作 2.安装 3.刷防护材料
020508017	小连檐				
020508018	瓦口板				
020508019	封檐板				
020508020	闸挡板				
020511001	鹅颈靠背	1.构件芯类型、式样 2.构件高度 3.木材品种 4.框芯截面尺寸 5.雕刻的纹样 6.防护材料种类、涂刷遍数	m^2	按设计图示尺寸以面积计算	1.框、芯、靠背制作 2.雕刻 3.安装 4.刷防护材料
020511002	倒挂楣子				

7.3 工程量计算规则

(1)柱

①柱包括檐柱、金柱、山柱、中柱、立柱、梅花柱、廊柱、步柱、抱柱、童柱(矮柱)、瓜柱、柁墩、雷公柱、灯笼柱、垂柱、草架柱子等。

②各种柱子均按图示尺寸的长度乘以最大圆形或矩形截面积,以 m^3 计算,各种榫卯所占体积均不扣减。

③攒尖雷公柱长度若无尺寸者,可按其本身柱径的 7 倍计算。

(2)梁

①包括桃尖或麻叶头梁、架梁、步梁、抱头梁、采步金、扒梁、太平梁、月梁、大梁、山界梁、轩梁、荷包梁、单步梁、双步梁等。

②所有梁类工程量均按梁截面尺寸乘以梁长,以 m^3 计算,不扣减踢凿挖空部分的材积。

(3)枋

①包括额枋(檐枋、檐额枋)、桁檩枋(金枋、脊枋)、箍头枋(带三岔头或霸王拳)、跨空枋(随梁枋)、棋枋、博脊枋(围脊枋)、间枋、天花枋、穿插枋、承椽枋、平板枋(斗盘枋)等。

②各种枋构件均按枋图示尺寸的最大矩形截面积乘以长度以 m^3 计算。

(4)桁檩、扶脊木、角梁、由戗、铁件安装

①桁檩两端不论是否带搭交檩头,均执行本定额。扶脊木又称帮脊木,角梁分老角梁、仔角梁,老角梁又称老戗木,仔角梁又称嫩戗木。由戗又称续角梁,它是角梁后尾延长至屋脊处的一种角梁。

②桁檩、扶脊木、角梁、由戗等均按图示截面积乘长度以 m^3 计算。

(5)木基层、板类及其他部件

①椽子工程量依其直径,按延长米计算。直椽以檩中至檩中斜长计算;檐椽按出挑尺寸,量至端头外皮,后尾若与承椽枋相交者,量至枋中线。翼角椽单根长度按其正身檐椽长度计算,斜摆角度的增加长度忽略不计。

②飞椽与罗锅椽的工程量依其椽径尺寸,以根计算。翘飞椽制安以每一檐角算一攒。

③枕头木的工程量按块计算。

④大小连檐工程量以延长米计算。

⑤椽椀、机枋条、里口木(闸挡板)的工程量均按延长米计算。其中,里口木闸挡板长度的取定方法同小连檐一样,不扣除椽子所占长度;椽碗、机枋条长度的取定方法同檩长。

⑥瓦口木以瓦口总长度以延长米计算。

⑦望板工程量按屋面不同几何形状的斜面积以 m^2 计算。飞椽、翘飞椽椽尾重叠部分应计算在内,不扣除连檐、扶脊木、角梁等所占面积,但屋角冲出部分也不增加。同一屋顶望板做法不同时应分别计算。

(6)斗拱制作安装

斗拱制作、安装按攒计算,角科斗拱与平身科斗拱连做者应分别计算,角科斗拱与平身科斗拱连做者其档不计算。

(7)倒挂楣子(挂落)花牙子

①倒挂楣子(挂落)按设计图示尺寸以 m^2 计算。

②花牙子、骑马牙子分规格以块计算。

(8)匾额制作安装

普通匾额按投影面积以 m^2 计算。

7.4 计价注意事项

本章定额包括木构件制作安装、木基层板类制作安装、斗拱制作安装、门窗制作安装、倒挂楣子花牙子、栏杆制作安装、楼板楼梯墙天花、匾额制作安装。凡未注明制作与安装的项目除另有规定者外,均包括制作与安装。定额中木材以自然干燥为准,如需烘干时,其费用另行计算。木材如需进行防腐,其费用按实际发生计算。

(1)木材木种分类

一类:红松、水桐木、樟子松。

二类:白松(云松、冷松)、杉木、杨木、柳木、椴木。

三类:青松、黄花松、秋子木、马尾松、东北榆木、柏木、苦楝木、梓木黄菠萝、椿木、楠木、柚木、樟木。

四类:栎木(柞木)、檀木、色木、槐木、荔木、麻栗木(麻栎、青刚)、桦木、荷木、水曲柳、华

北榆木。

本章定额以一、二类木材考虑，如采用三类、四类木种的，按相应定额子目人工费乘以1.30系数。

(2) 木构件、木基层、板类及其他部件制作

木构件、木基层、板类及其他部件制作均包括排制分杖杆、样板、选配料、截料、刨光、画线、制作及雕凿成型、弹安装线、标写安装号、试装等；圆形截面的构件还包括砍圆；板类构、部件还包括企口拼缝、穿带、制作边缝压条。

(3) 斗拱

①制作包括翘、昂、耍头、撑头、桁椀、正心拱、单才拱及斗、升、销等全部部件制作，挖翘、拱眼，雕刻麻叶云、三幅云及草架摆脸。附件制作所包括范围见各相关子目。

②斗拱安装包括斗拱本身各部件及所有附件安装。

③斗拱保护网包括裁铁丝网、用铁丝缝接口、刷油漆、钉牢。

7.5 工程案例

[**例 7.1**] 某公园的仿古园亭，如图 7.15 所示，试计算分部分项工程量清单综合单价。

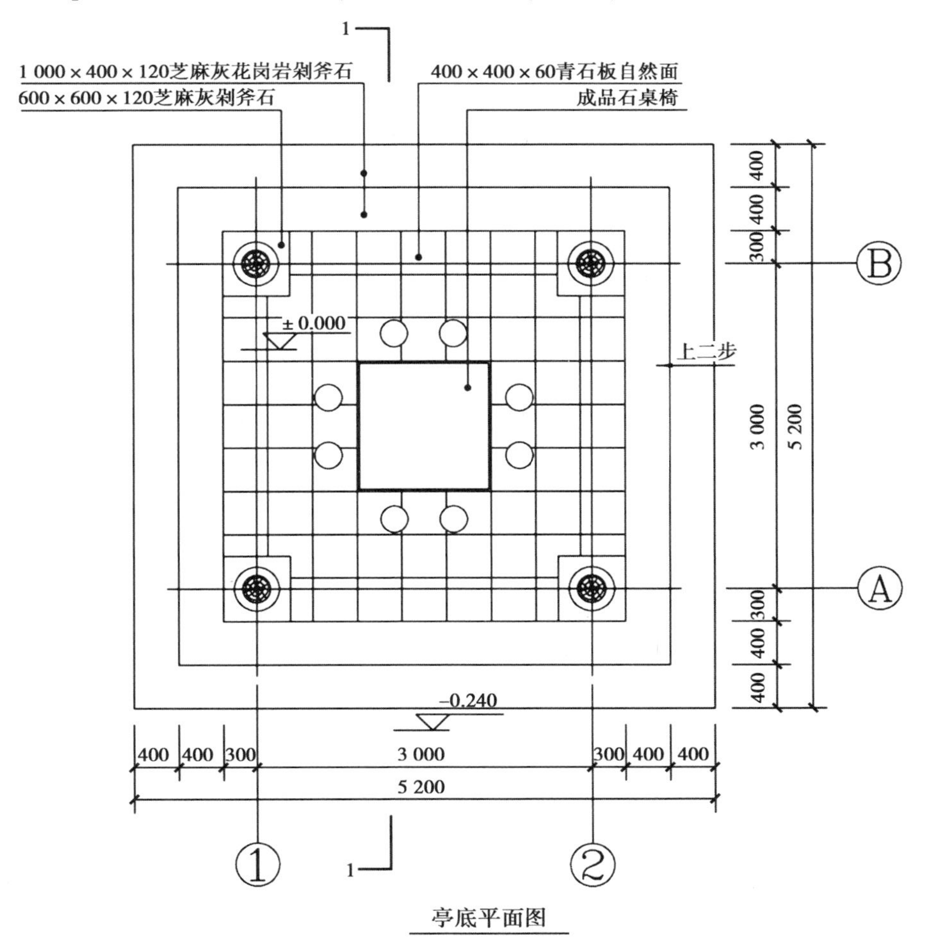

亭底平面图

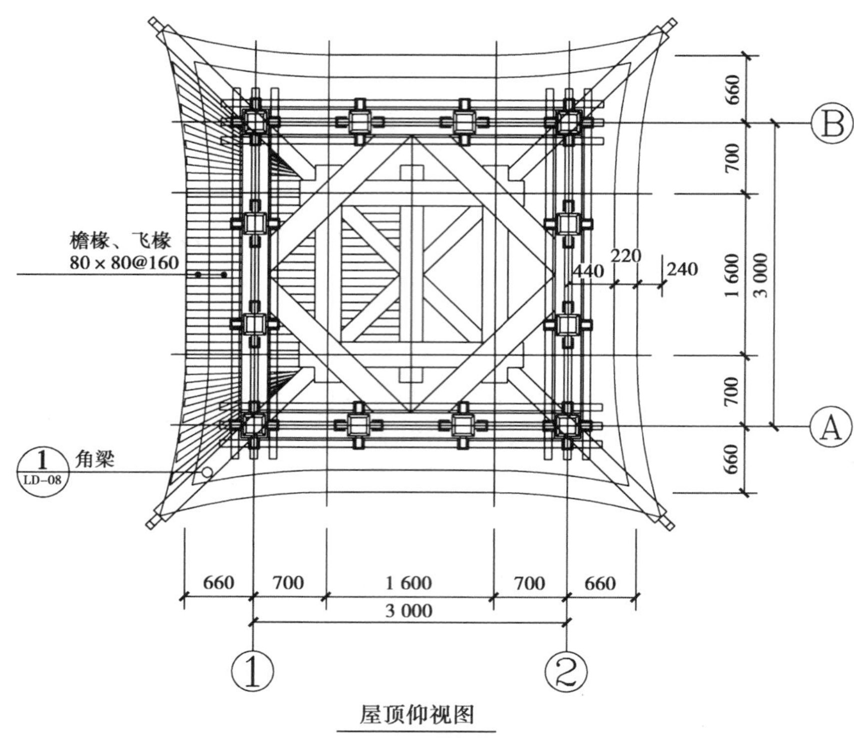
檐椽、飞椽
80 × 80@160
1
LD-08
角梁
660
700
1 600
700
660
3 000
440
220
240
B
A
1
2

屋顶仰视图

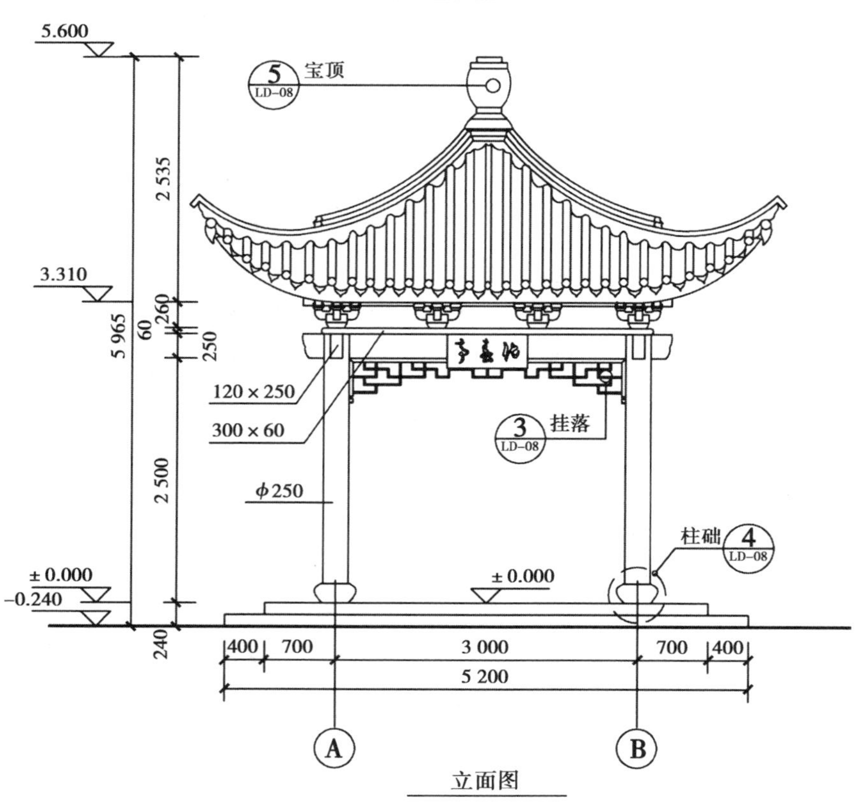
5.600
5
LD-08
宝顶
2 535
3.310
260
60
250
5 965
120 × 250
300 × 60
3
LD-08
挂落
2 500
ϕ250
柱础
4
LD-08
± 0.000
–0.240
± 0.000
240
400
700
3 000
700
400
5 200
A
B

立面图

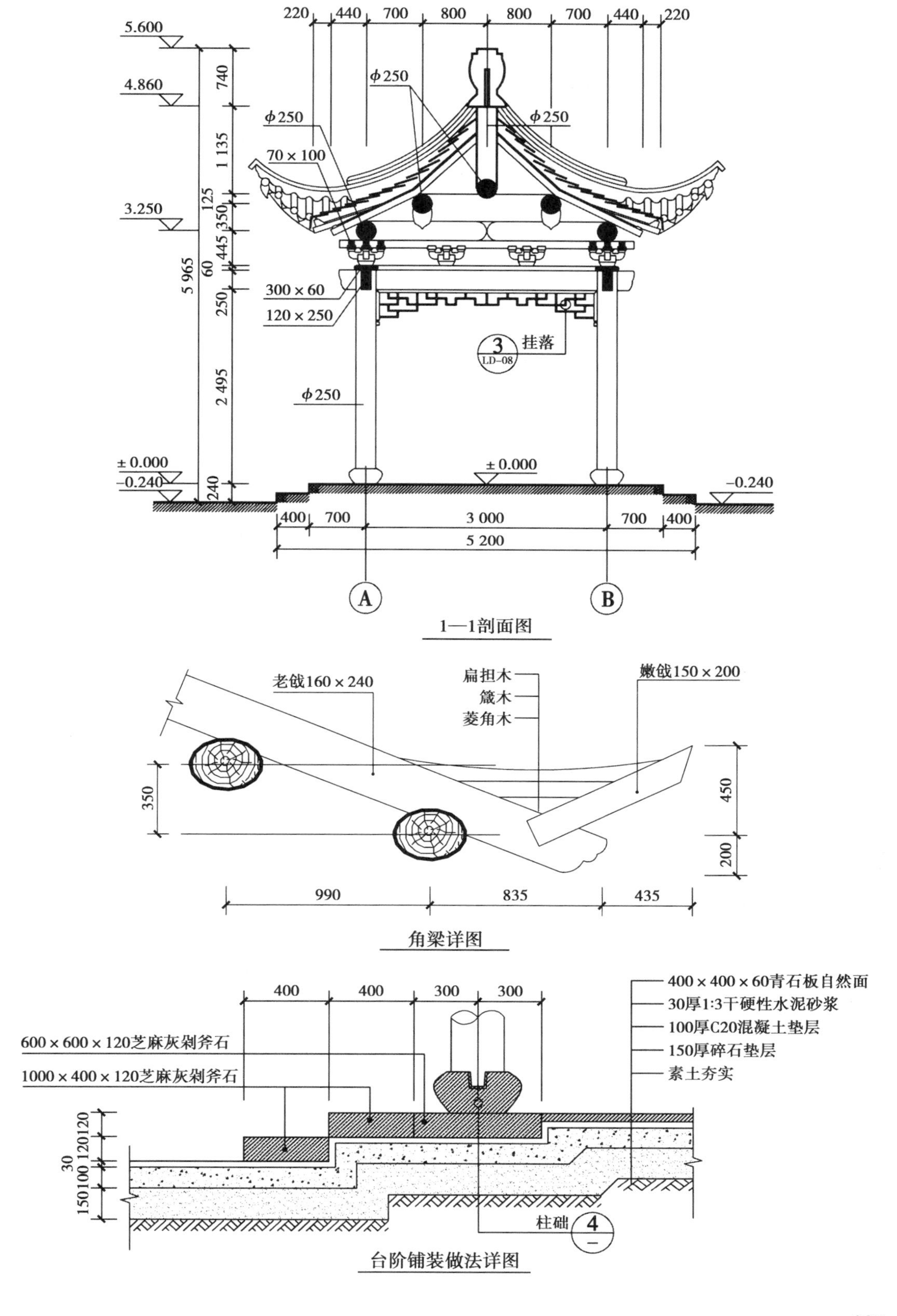

220
440
700
800
800
700
440
220
5.600
4.860
3.250
±0.000
-0.240
740
1 135
125
350
445
60
250
2 495
240
5 965
φ250
φ250
φ250
70×100
300×60
120×250
3
LD-08
挂落
φ250
±0.000
-0.240
400
700
3 000
700
400
5 200
A
B
1—1剖面图
老戗160×240
扁担木
箴木
菱角木
嫩戗150×200
350
450
200
990
835
435
角梁详图
400
400
300
300
400×400×60青石板自然面
30厚1:3干硬性水泥砂浆
100厚C20混凝土垫层
150厚碎石垫层
素土夯实
600×600×120芝麻灰剁斧石
1000×400×120芝麻灰剁斧石
120
120
30
100
150
柱础
4
台阶铺装做法详图

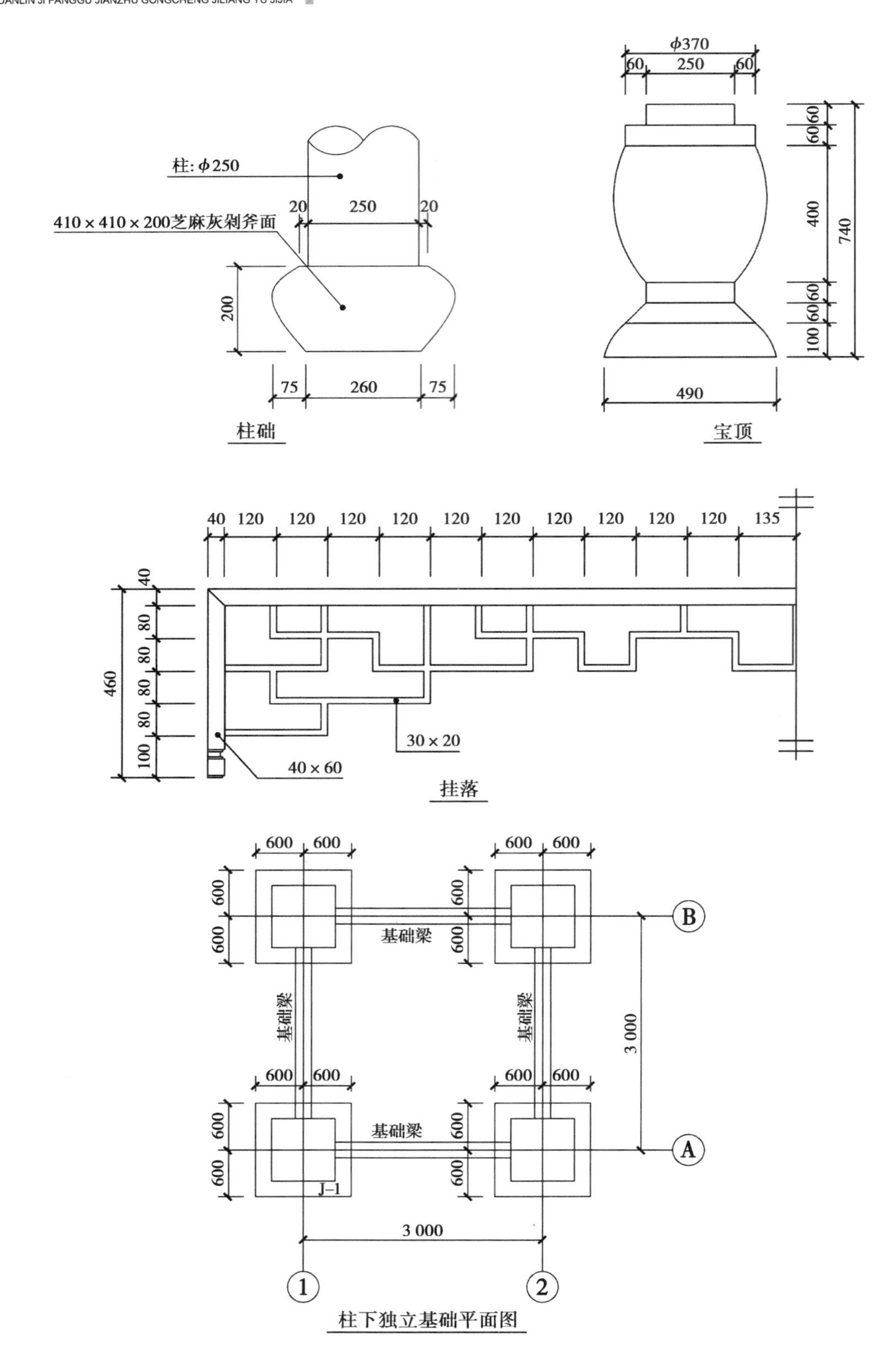

柱础

宝顶

挂落

柱下独立基础平面图

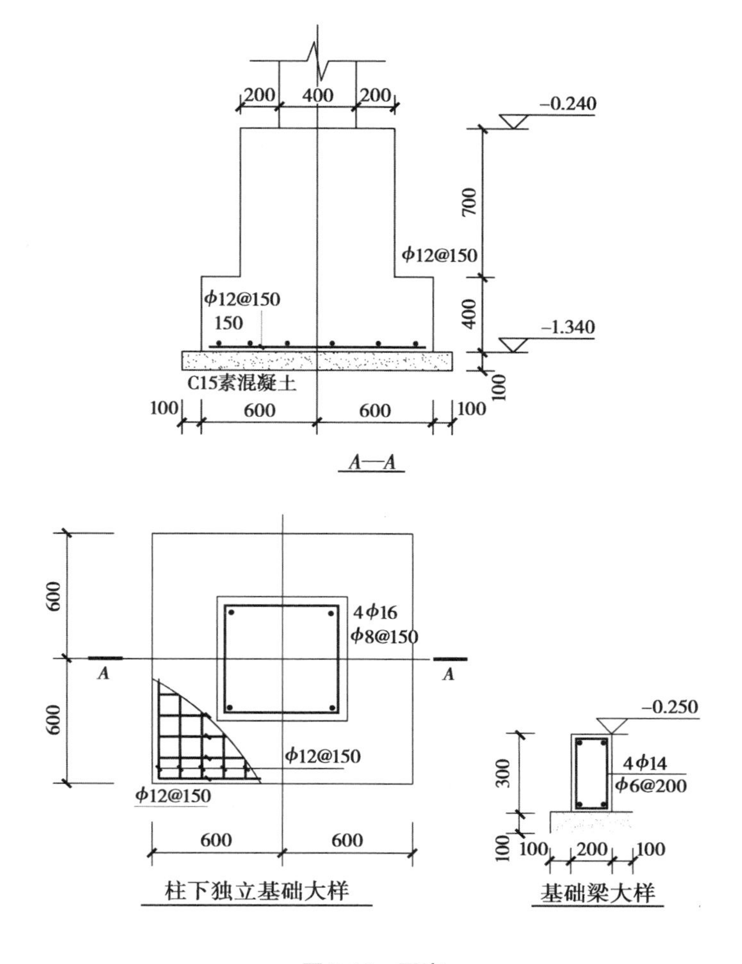

图 7.15　园亭

说明：

①本工程为纯木结构化春亭。

②木构件应选用菠萝格制作。必须严格遵循选材质量标准和有关规范，木件榫卯作法、尺寸均按传统做法。

③木构件安装完毕待其干透后刷桐油二度(掺少量红漆)，清漆罩面。

④木板雕花采用江南传统风格。

⑤不详之处按传统做法施工。

[解]　分部分项工程量计算式详见表 7.2。

表 7.2　分部分项工程量计算表

工程名称：园亭

编号	工程量计算式	单位	标准工程量
	1.土(石)方工程		
010101004001	挖基坑土方 1.土壤类型：三类土 2.挖土深度：1.44 m	m^3	23.04

续表

编号	工程量计算式	单位	标准工程量
	(1.4+0.3×2)×(1.4+0.3×2)×(1.44)×4		23.04
010101003001	挖沟槽土方 1.土壤类型:三类土 2.挖土深度:0.65 m	m^3	2.60
	1.0×4×0.65×(0.4+0.3×2)		2.60
010103001001	回填方	m^3	20.00
	23.04+2.6−5.64		20.00
010103002001	余土弃置 弃土运距:3 km	m^3	5.64
	1.14+2.3+1.67+0.53		5.64
桂 010103003001	土方运输 每增 1 m^3·km 弃土运距:2 km	m^3·km	11.28
	5.64×2		11.28
	2.混凝土及钢筋混凝土工程		
010501001001	100 厚 C15 混凝土垫层	m^3	1.14
	1.4×1.4×0.1×4 柱下+2.2×4×0.4×0.1 基础梁下		1.14
010501003001	400 厚 C25 钢筋混凝土独立基础	m^3	2.30
	1.2×1.2×0.4		2.30
010502001001	800 mm×800 mm×700 mm C25 钢筋混凝土矩形柱	m^3	1.67
	0.8×0.8×0.7−0.46×0.46×0.15		1.67
010503001001	200 mm×300 mm C25 钢筋混凝土基础梁	m^3	0.53
	2.2×0.2×0.3		0.53
010515001001	现浇构件钢筋 Φ10 以上	t	0.148
12 号=4	1.2×(1.2/0.15+1)×2×0.888/1 000		0.077
16 号=4	4×1.1×16×16×0.006 17/1 000		0.028
14 号=4	4×2.2×14×14×0.006 17/1 000		0.043
010515001002	现浇构件钢筋 ϕ10 以内	t	0.053
8 号=4	0.8×4×(1.1/0.15+1)×8×8×0.006 17/1 000		0.042
6 号=4	(2.2/0.2+1)×(0.2×2+0.3×2)×6×6×0.006 17/1 000		0.011
	3.园路园桥		
050201002001	台阶 1.面层材料:1 000 mm×400 mm×120 mm 芝麻灰花岗岩剁斧石 2.30 厚 1:3干硬性水泥砂浆 3.100 厚 C20 混凝土垫层 4.150 厚碎石垫层 5.素土夯实	m^2	14.08

续表

编号	工程量计算式	单位	标准工程量
	5.2×5.2−3.6×3.6		14.08
050201002002	花岗岩铺装 1.面层材料:400 mm×400 mm×60 mm 青石板自然面 2.30 厚 1∶3干硬性水泥砂浆 3.100 厚 C20 混凝土垫层 4.150 厚碎石垫层 5.素土夯实	m^2	11.52
	3.6×3.6−0.6×0.6×4		11.52
050201002003	花岗岩铺装 1.面层材料:600 mm×600 mm×120 mm 芝麻灰花岗岩剁斧石 2.30 厚 1∶3干硬性水泥砂浆 3.100 厚 C20 混凝土垫层 4.150 厚碎石垫层 5.素土夯实	m^2	1.44
	0.6×0.6×4		1.44
	4.园林景观工程		
050305006001	石桌凳 1.成品采购 2.配置:1 桌 8 凳	套	1
	1		1
	5.石作工程		
020206001001	柱础 1.材质:410 mm×410 mm×200 mm 芝麻灰剁斧面(异形)	只	4
	4		4
	6.木作工程		
柱 020501010001	ϕ250 圆柱 1.材质:菠萝格防腐木 2.面刷桐油二度(掺少量红漆),清漆罩面	m^3	0.50
	(2.495+0.25−0.2)×4×3.14×0.125×0.125		0.50
020501004	童(瓜)柱 1.材质:菠萝格防腐木 2.面刷桐油二度(掺少量红漆),清漆罩面 3.规格:ϕ250 圆柱	m^3	0.06
	4×3.14×0.125×0.125×0.325 长		0.06
020501005001	雷公柱(灯心木)ϕ250 圆柱 1.材质:菠萝格防腐木 2.面刷桐油二度(掺少量红漆),清漆罩面	m^3	0.08

续表

编号	工程量计算式	单位	标准工程量
	(1.135+0.480)×3.14×0.125×0.125		0.08
020111003001	挂落 1.材质:菠萝格防腐木 2.面刷桐油二度(掺少量红漆),清漆罩面 3.规格:500 mm 高	m^2	5.06
	2.75×4×0.46		5.06
020513001001	匾额 1.材质:菠萝格防腐木 2.面刷桐油二度(掺少量红漆),清漆罩面 3.规格:800 mm×350 mm,刻字:化春亭,木板雕花采用江南传统风格	块	1
	1		1
020503004001	额枋 1.材质:菠萝格防腐木 2.规格:120 mm×250 mm 3.面刷桐油二度(掺少量红漆),清漆罩面	m^3	0.44
	3.7 长×4×0.12×0.25		0.44
020503002001	方桁(檩) 1.材质:菠萝格防腐木 2.规格:300 mm×60 mm、70 mm×100 mm 3.面刷桐油二度(掺少量红漆),清漆罩面	m^3	0.55
	3.3×4×0.3×0.06		0.24
	3.7 长×3 数量×4×0.1×0.07		0.31
桂 020502006001	圆梁 1.材质:菠萝格防腐木 2.规格:ϕ250 3.面刷桐油二度(掺少量红漆),清漆罩面	m^3	1.60
	[(1.945+0.25)长×4 数量+2.15×5)]×3.14×0.125×0.125		0.96
	3.25×4×3.14×0.125×0.125		0.64
020507001001	平身科斗拱 1.材质:菠萝格防腐木 2.规格:一斗三升 3.面刷桐油二度(掺少量红漆),清漆罩面	攒	8
	8		8
020507003001	角科斗拱 1.材质:菠萝格防腐木 2.规格:一斗三升 3.面刷桐油二度(掺少量红漆),清漆罩面	攒	4

续表

编号	工程量计算式	单位	标准工程量
	4		4
020506001001	老角梁、由戗 1.材质:菠萝格防腐木 2.规格:160 mm×240 mm 3.面刷桐油二度(掺少量红漆),清漆罩面	m^3	0.41
	//sqrt(1.5×1.5+1.5×1.5)		2.12
	//sqrt(2.12×2.12+(4.86-3.25)×(4.86-3.25))		2.66
	2.66 长×4×0.16×0.24		0.41
020506002001	仔角梁 1.材质:菠萝格防腐木 2.规格:150 mm×200 mm 3.面刷桐油二度(掺少量红漆),清漆罩面	m^3	0.11
	0.9 长×4×0.15×0.2		0.11
020506005001	古式构件 1.材质:菠萝格防腐木 2.部位:菱角木、扁担木、箴木 3.面刷桐油二度(掺少量红漆),清漆罩面	m^3	0.11
	0.142×0.2×4		0.11
020505002001	矩形椽 1.材质:菠萝格防腐木 2.规格:80 mm×80 mm@ 160 3.面刷桐油二度(掺少量红漆),清漆罩面	m	97.94
	//(1.6/0.16+1)×4		44.00
	44×(1.065+1.161)		97.94
020505011001	矩形翼角椽 1.材质:菠萝格防腐木 2.规格:80 mm×80 mm@ 160 3.面刷桐油二度(掺少量红漆),清漆罩面	m	65.02
	//7×2×4		56.00
	56×1.161		65.02
桂 020505012001	翘飞椽 1.材质:菠萝格防腐木 2.部位:亭顶翘角 80 mm×80 mm 3.面刷桐油二度(掺少量红漆),清漆罩面	攒	4
	4		4

续表

编号	工程量计算式	单位	标准工程量
020505007001	矩形飞椽 1.材质:菠萝格防腐木 2.规格:80 mm×80 mm@ 160 3.面刷桐油二度(掺少量红漆),清漆罩面	根	44
	//(1.6/0.16+1)×4		44
	44		44
020508016001	大连檐(里口木) 1.材质:菠萝格防腐木 2.规格:80 mm×30 mm 3.面刷桐油二度(掺少量红漆),清漆罩面	m	24.80
	6.2×4		24.80
050303009001	木(防腐木)屋面 1.材质:菠萝格防腐木望板 2.规格:22 mm 3.面刷桐油二度(掺少量红漆),清漆罩面	m^2	33.48
	2.7 高×6.2 弧长/2×4		33.48
010902001001	屋面油毡两遍	m^2	33.48
	33.48		33.48
020508027001	封檐板 1.材质:菠萝格防腐木 2.规格:30 mm×200 mm 3.面刷桐油二度(掺少量红漆),清漆罩面	m^2	4.96
	6.2 弧长×4×0.2		4.96
020602014001	宝顶 1.材质:菠萝格防腐木 2.规格:490 mm×740 mm 3.面刷桐油二度(掺少量红漆),清漆罩面	座	1
	1		1
	6.屋面工程		
020603001001	琉璃屋面	m^2	33.48
	33.48		33.48
020603003001	琉璃屋脊	m	15.04
	//sqrt(1.61×1.61+3.40×3.40)		3.76
	3.76×4		15.04
020603002001	琉璃瓦滴水	m	24.80
	6.2×4		24.80

分部分项工程量清单综合单价分析表详见表7.3。

知识点：借用建筑装饰装修工程消耗量定额子目需采用其相应的管理费和利润费率；如涉及模板计价应在该混凝土构件的清单项目中综合报价。

表7.3　工程量清单综合单价分析表

工程名称：园亭

序号	项目编码	项目名称及项目特征描述	单位	工程量	综合单价/元	综合单价				
						人工费	材料费	机械费	管理费	利润
分部分项工程										
		1. 土（石）方工程								
1	010101004001	挖基坑土方 1.土壤类型：三类土 2. 挖土深度：1.44 m	m^3	23.04	8.59	4.38		3.29	0.73	0.19
	A1-17 换	液压挖掘机挖土斗容量(0.8)	1 000 m^3	0.020 74	4 503.41	374.40		3 648.29	382.16	98.56
	A1-9	人工挖沟槽(基坑）三类土 深2 m以内	100 m^3	0.023 0	4 542.09	4 052.88		4.37	385.44	99.40
2	010101003001	挖沟槽土方 1.土壤类型：三类土 2. 挖土深度：0.65 m	m^3	2.60	9.08	4.39	m^3	3.72	0.77	0.20
	A1-16 换	液压挖掘机挖土斗容量(0.4)	1 000 m^3	0.002 34	5 040.54	374.40		4 128.09	427.74	110.31
	A1-9	人工挖沟槽(基坑）三类土 深2 m以内	100 m^3	0.002 6	4 542.09	4 052.88		4.37	385.44	99.40
3	010103001001	回填方	m^3	20.00	5.22	1.97		2.70	0.44	0.11
	A1-105	挖掘机回填 土	100 m^3	0.180 0	344.69	37.44		270.46	29.25	7.54
	A1-82	人工回填土夯填	100 m^3	0.020 0	2 115.47	1 628.64		261.01	179.52	46.30
4	010103002001	余土弃置 弃土运距：3 km	m^3	5.64	11.31	0.37		9.73	0.96	0.25
	A1-153 换	液压挖掘机挖土 斗容量 0.8 自卸汽车运土(运距 1 km 以内）5 t[实际1]	1 000 m^3	0.005 64	11 316.12	374.40		9 733.79	960.28	247.65

续表

序号	项目编码	项目名称及项目特征描述	单位	工程量	综合单价/元	综合单价				
						人工费	材料费	机械费	管理费	利润
5	桂 010103003001	土方运输 每增 1 m^3 · km 弃土运距:2 km	m^3 · km	11.28	2.24			2.00	0.19	0.05
	A1-171	自卸汽车运土方（每增加 1 km运距）5 t	1 000 m^3	0.011 28	2 239.94			2 000.84	190.08	49.02
		2. 混凝土及钢筋混凝土工程								
6	010501001001	100 厚 C15 混凝土垫层	m^3	1.14	389.96	30.97	344.93	0.82	10.55	2.69
	A4-3 换	混凝土垫层｛换：碎石 GD40 商品普通混凝土 C15｝	10 m^3	0.114	3 899.51	309.74	3 449.25	8.17	105.45	26.90
7	010501003001	400 厚 C25 钢筋混凝土独立基础	m^3	2.30	447.61	42.46	386.29	0.84	14.36	3.66
	A4-7 换	独立基础 混凝土｛换：碎石 GD40 商品普通混凝土 C25｝	10 m^3	0.230	4 476.09	424.59	3 862.85	8.40	143.62	36.63
8	010502001001	800 mm × 800 mm × 700 mm C25 钢筋混凝土矩形柱	m^3	1.67	458.52	50.31	385.35	1.35	17.14	4.37
	A4-18 换	混凝土柱 矩形｛换：碎石 GD40 商品普通混凝土 C25｝	10 m^3	0.167	4 585.24	503.14	3 853.48	13.53	171.38	43.71
9	010503001001	200 mm × 300 mm C25 钢筋混凝土基础梁	m^3	0.53	411.57	15.56	387.61	1.36	5.61	1.43
	A4-21 换	混凝土 基础梁｛换：碎石 GD40 商品普通混凝土 C25｝	10 m^3	0.053	4 115.79	155.61	3 876.08	13.64	56.14	14.32

续表

序号	项目编码	项目名称及项目特征描述	单位	工程量	综合单价/元	综合单价				
						人工费	材料费	机械费	管理费	利润
10	010515001001	现浇构件钢筋 ϕ10 以上	t	0.148	5 958.72	898.80	4 553.30	152.44	229.60	124.58
	D2-290	螺纹钢筋 ϕ10 以上	t	0.178	4 954.44	747.32	3 785.89	126.75	190.90	103.58
11	010515001002	现浇构件钢筋 ϕ10 以内	t	0.053	5 184.89	1 151.82	3 629.91	11.30	254.03	137.83
	D2-289	螺纹钢筋 ϕ10 以内	t	0.050	5 495.98	1 220.93	3 847.70	11.98	269.27	146.10
		3.园路园桥								
12	050201002001	台阶 1. 面层材料：1 000 mm × 400 mm×120 mm 芝麻灰花岗岩剁斧石 2.30 厚 1 : 3 干硬性水泥砂浆 3.100 厚 C20 混凝土垫层 4. 150 厚碎石垫层 5.素土夯实	m^2	14.08	977.70	65.53	872.62	13.07	17.17	9.31
	D1-436	人工 原土打夯	100 m^2	0.140 8	136.64	88.61		13.60	22.32	12.11
	D1-459	人工操作 碎石干铺	m^3	2.11	211.38	57.80	131.68	1.82	13.02	7.06
	D1-463 换	人工操作 混凝土{换：碎石 GD20 商品普通混凝土 C20}	m^3	1.41	540.47	128.27	368.99		28.01	15.20
	D1-501 换	石质台阶面层 直形 水泥砂浆{水泥砂浆 1 : 3}	10 m^2	1.408	8 905.34	431.41	8 159.31	126.62	121.87	66.13

续表

序号	项目编码	项目名称及项目特征描述	单位	工程量	综合单价/元	综合单价				
						人工费	材料费	机械费	管理费	利润
13	050201002002	花岗岩铺装 1. 面层材料：400 mm×400 mm×60 mm 青石板自然面 2.30 厚 1:3 干硬性水泥砂浆 3.100 厚 C20 混凝土垫层 4. 150 厚碎石垫层 5.素土夯实	m^2	11.52	294.56	53.20	219.40	3.02	12.28	6.66
	D1-436	人工 原土打夯	100 m^2	0.115 2	136.64	88.61		13.60	22.32	12.11
	D1-459	人工操作 碎石干铺	m^3	1.73	211.38	57.80	131.68	1.82	13.02	7.06
	D1-463 换	人工操作 混凝土｛换：碎石GD20 商品普通混凝土 C20｝	m^3	1.15	540.47	128.27	368.99		28.01	15.20
	D1-495 换	石质块料面层 水泥砂浆 厚度 6 cm 内｛水泥砂浆 1:3｝	10 m^2	1.152	2 074.99	308.28	1 627.90	26.14	73.04	39.63
14	050201002003	花岗岩铺装 1. 面层材料：600 mm×600 mm×120 mm 芝麻灰花岗岩剁斧石 2.30 厚 1:3 干硬性水泥砂浆 3.100 厚 C20 混凝土垫层 4. 150 厚碎石垫层 5.素土夯实	m^2	1.44	652.61	47.93	584.48	3.03	11.13	6.04
	D1-436	人工 原土打夯	100 m^2	0.014 4	136.64	88.61		13.60	22.32	12.11

续表

序号	项目编码	项目名称及项目特征描述	单位	工程量	综合单价/元	综合单价				
						人工费	材料费	机械费	管理费	利润
	D1-459	人工操作 碎石干铺	m^3	0.22	211.38	57.80	131.68	1.82	13.02	7.06
	D1-463 换	人工操作 混凝土｛换：碎石 GD20 商品普通混凝土 C20｝	m^3	0.14	540.47	128.27	368.99		28.01	15.20
	D1-496 换	石质块料面层 水泥砂浆 厚度 15 cm 内｛水泥砂浆 1∶3｝	10 m^2	0.144	5 663.97	257.40	5 284.90	26.14	61.93	33.60
		4.园林景观工程								
15	050305006001	石桌凳 1.成品采购 2.配置:1 桌 8 凳	套	1	3 186.78	74.10	3 087.72		16.18	8.78
	D1-670 换	石桌安装｛碎石 GD20 中砂水泥 42.5 C20｝	套	1	3 186.78	74.10	3 087.72		16.18	8.78
		5.石作工程								
16	020206001001	柱础 1.材质:410 mm × 410 mm × 200 mm 芝麻灰剁斧面(异形)	只	4	211.10	21.64	182.17		4.73	2.56
	D2-202 换	柱顶石安装 断面周长 50 cm 以外｛水泥砂浆 1∶2.5｝	m^3	0.11	7 676.64	786.94	6 624.58		171.87	93.25
		6.木作工程								
17	柱 020501010001	ϕ250 圆柱 1.材质:菠萝格防腐木 2.面刷桐油二度(掺少量红漆),清漆罩面	m^3	0.50	18 879.79	2 768.26	15 178.89		604.60	328.04
	D2-292 换	圆柱 柱径在 25 cm以内	m^3	0.50	18 586.70	2 571.66	15 148.65		561.65	304.74

续表

序号	项目编码	项目名称及项目特征描述	单位	工程量	综合单价/元	综合单价				
						人工费	材料费	机械费	管理费	利润
	D2-921	底油、油色、清漆二遍 其他木材面	10 m^2	0.799 13	183.38	123.01	18.92		26.87	14.58
18	020501004	童(瓜)柱 1.材质:菠萝格防腐木 2.面刷桐油二度(掺少量红漆),清漆罩面 3.规格:φ250圆柱	m^3	0.06	5 197.50	3 101.20	1 051.49		677.31	367.50
	D2-300	瓜柱 柱径在25 cm以内	m^3	0.06	4 885.60	2 891.98	1 019.31		631.61	342.70
	D2-921	底油、油色、清漆二遍 其他木材面	10 m^2	0.102 05	183.38	123.01	18.92		26.87	14.58
19	020501005001	雷公柱(灯心木)φ250圆柱 1.材质:菠萝格防腐木 2.面刷桐油二度(掺少量红漆),清漆罩面	m^3	0.08	20 644.65	3 808.55	15 552.99		831.79	451.32
	D2-304换	雷公柱、灯笼柱、草架柱子柱径在25 cm以内	m^3	0.08	20 354.04	3 613.61	15 523.01		789.21	428.21
	D2-921	底油、油色、清漆二遍 其他木材面	10 m^2	0.126 78	183.38	123.01	18.92		26.87	14.58

续表

序号	项目编码	项目名称及项目特征描述	单位	工程量	综合单价/元	综合单价				
						人工费	材料费	机械费	管理费	利润
20	020111003001	挂落 1.材质:菠萝格防腐木 2.面刷桐油二度(掺少量红漆),清漆罩面 3.规格:500 mm高	m^2	5.06	1 248.13	463.22	628.85		101.16	54.90
	D2-679 换	倒挂楣子(挂落)万字拐子软樘	m^2	5.06	1 211.46	438.62	625.07		95.79	51.98
	D2-921	底油、油色、清漆二遍 其他木材面	10 m^2	1.012	183.38	123.01	18.92		26.87	14.58
21	020513001001	匾额 1.材质:菠萝格防腐木 2.面刷桐油二度(掺少量红漆),清漆罩面 3.规格:800 mm×350 mm,刻字:化春亭,木板雕花采用江南传统风格	块	1	939.13	537.57	220.43		117.41	63.72
	D2-706 换	普通匾额(厚度)60 mm	m^2	0.28	1 162.38	283.92	782.81		62.01	33.64
	B-	刻字:化春亭	个	3	200.54	150.00			32.76	17.78
	D2-921	底油、油色、清漆二遍 其他木材面	10 m^2	0.065 6	183.38	123.01	18.92		26.87	14.58

续表

序号	项目编码	项目名称及项目特征描述	单位	工程量	综合单价/元	综合单价				
						人工费	材料费	机械费	管理费	利润
22	020503004001	额枋 1.材质:菠萝格防腐木 2.规格:120 mm×250 mm 3.面刷桐油二度(掺少量红漆),清漆罩面	m^3	0.44	15 223.11	1 460.88	13 270.04		319.07	173.12
	D2-339 换	枋 枋高在 25 cm 以下	m^3	0.44	14 766.67	1 154.70	13 222.95		252.19	136.83
	D2-921	底油、油色、清漆二遍 其他木材面	10 m^2	1.095 2	183.38	123.01	18.92		26.87	14.58
23	020503002001	方桁(檩) 1.材质:菠萝格防腐木 2.规格:300 mm×60 mm、70 mm×100 mm 3.面刷桐油二度(掺少量红漆),清漆罩面	m^3	0.55	15 959.52	1 690.42	13 699.56		369.21	200.33
	D2-350 换	方檩(桁) 厚在 11 cm 以下	m^3	0.55	15 139.32	1 140.23	13 614.94		249.03	135.12
	D2-921	底油、油色、清漆二遍 其他木材面	10 m^2	2.46	183.38	123.01	18.92		26.87	14.58
24	桂 020502006001	圆梁 1.材质:菠萝格防腐木 2.规格:ϕ250 3.面刷桐油二度(掺少量红漆),清漆罩面	m^3	1.60	4 329.16	2 253.84	1 316.00		492.24	267.08
	D2-328 换	圆梁 直径在 25 cm 以内	m^3	1.60	4 036.22	2 057.33	1 285.78		449.32	243.79

续表

序号	项目编码	项目名称及项目特征描述	单位	工程量	综合单价/元	综合单价				
						人工费	材料费	机械费	管理费	利润
	D2-921	底油、油色、清漆二遍 其他木材面	10 m^2	2.55	183.38	123.01	18.92		26.87	14.58
25	020507001001	平身科斗拱 1.材质:菠萝格防腐木 2.规格:一斗三升 3.面刷桐油二度(掺少量红漆),清漆罩面	攒	8	623.76	183.55	378.37		40.08	21.76
	D2-436换	一斗三升斗拱制作 平身科	攒	8	583.71	157.43	373.24		34.38	18.66
	D2-920	底油、油色、清漆二遍 古式木构件	10 m^2	1.2	267.03	174.14	34.22		38.03	20.64
26	020507003001	角科斗拱 1.材质:菠萝格防腐木 2.规格:一斗三升 3.面刷桐油二度(掺少量红漆),清漆罩面	攒	4	3 211.16	779.60	2 168.91		170.26	92.39
	D2-438换	一斗三升斗拱制作 角科	攒	4	3 171.11	753.48	2 163.78		164.56	89.29
	D2-920	底油、油色、清漆二遍 古式木构件	10 m^2	0.6	267.03	174.14	34.22		38.03	20.64
27	020506001001	老角梁、由戗 1.材质:菠萝格防腐木 2.规格:160 mm×240 mm 3.面刷桐油二度(掺少量红漆),清漆罩面	m^3	0.41	15 949.40	1 882.14	13 433.17		411.05	223.04

续表

序号	项目编码	项目名称及项目特征描述	单位	工程量	综合单价/元	综合单价				
						人工费	材料费	机械费	管理费	利润
	D2-362 换	老角梁、仔角梁（老戗木、嫩戗木）宽在 20 cm 以上	m^3	0.41	15 395.03	1 520.61	13 362.13		332.10	180.19
	D2-920	底油、油色、清漆二遍 古式木构件	10 m^2	0.851 2	267.03	174.14	34.22		38.03	20.64
28	020506002001	仔角梁 1.材质：菠萝格防腐木 2.规格：150 mm×200 mm 3.面刷桐油二度（掺少量红漆），清漆罩面	m^3	0.11	16 361.67	2 184.36	13 441.40		477.06	258.85
	D2-361 换	老角梁、仔角梁（老戗木、嫩戗木）宽在 20 cm 以下	m^3	0.11	15 749.94	1 785.42	13 363.01		389.94	211.57
	D2-920	底油、油色、清漆二遍 古式木构件	10 m^2	0.252	267.03	174.14	34.22		38.03	20.64
29	020506005001	古式构件 1.材质：菠萝格防腐木 2. 部位：菱角木、扁担木、箴木 3. 面刷桐油二度（掺少量红漆），清漆罩面	m^3	0.11	15 551.43	1 694.01	13 286.70		369.97	200.75
	D2-364 换	由戗 宽在 20 cm 以下	m^3	0.11	15 023.20	1 349.53	13 219.01		294.74	159.92
	D2-920	底油、油色、清漆二遍 古式木构件	10 m^2	0.217 6	267.03	174.14	34.22		38.03	20.64

续表

序号	项目编码	项目名称及项目特征描述	单位	工程量	综合单价/元	综合单价				
						人工费	材料费	机械费	管理费	利润
30	020505002001	矩形椽 1.材质:菠萝格防腐木 2.规格:80 mm×80 mm@160 3.面刷桐油二度(掺少量红漆),清漆罩面	m	97.94	183.61	60.73	102.42		13.26	7.20
	D2-376 换	方直椽 径在8 cm以内	10 m	9.794	981.59	50.05	914.68		10.93	5.93
	D2-920	底油、油色、清漆二遍 古式木构件	10 m²	31.342 08	267.03	174.14	34.22		38.03	20.64
31	020505011001	矩形翼角椽 1.材质:菠萝格防腐木 2.规格:80 mm×80 mm@160 3.面刷桐油二度(掺少量红漆),清漆罩面	m	65.02	228.15	73.38	130.04		16.03	8.70
	D2-378 换	方翼角椽 径在8 cm以内	10 m	65.02	1 426.92	176.54	1 190.90		38.56	20.92
	D2-920	底油、油色、清漆二遍 古式木构件	10 m²	14.117 76	267.03	174.14	34.22		38.03	20.64
32	桂 020505012001	翘飞椽 1.材质:菠萝格防腐木 2.部位:亭顶翘角 80 mm×80 mm 3.面刷桐油二度(掺少量红漆),清漆罩面	攒	4	6 907.70	739.91	5 918.51		161.60	87.68
	D2-391 换	翘飞椽 径在8 cm以内 十三翘	攒	4	6 844.79	698.88	5 910.45		152.64	82.82

续表

序号	项目编码	项目名称及项目特征描述	单位	工程量	综合单价/元	综合单价				
						人工费	材料费	机械费	管理费	利润
	D2-920	底油、油色、清漆二遍 古式木构件	10 m^2	0.942 4	267.03	174.14	34.22		38.03	20.64
33	020505007001	矩形飞椽 1.材质:菠萝格防腐木 2.规格:80 mm×80 mm@160 3.面刷桐油二度(掺少量红漆),清漆罩面	根	44	190.60	17.88	166.70		3.90	2.12
	D2-380 换	飞椽 径在 10 cm 以内	10 根	4.4	1 839.83	135.59	1 658.56		29.61	16.07
	D2-920	底油、油色、清漆二遍 古式木构件	10 m^2	1.091 2	267.03	174.14	34.22		38.03	20.64
34	020508016001	大连檐(里口木) 1.材质:菠萝格防腐木 2.规格:80 mm×30 mm 3.面刷桐油二度(掺少量红漆),清漆罩面	m	24.80	33.14	8.93	21.20		1.95	1.06
	D2-409 换	里口木(闸挡板)	10 m	2.480	272.57	50.96	204.44		11.13	6.04
	D2-920	底油、油色、清漆二遍 古式木构件	10 m^2	0.545 6	267.03	174.14	34.22		38.03	20.64
35	050303009001	木(防腐木)屋面 1.材质:菠萝格防腐木望板 2.规格:22 mm 3.面刷桐油二度(掺少量红漆),清漆罩面	m^2	33.48	565.19	27.23	528.78		5.95	3.23

续表

序号	项目编码	项目名称及项目特征描述	单位	工程量	综合单价/元	综合单价				
						人工费	材料费	机械费	管理费	利润
	D2-411 换	刨光望板 厚 2.2 cm	10 m^2	3.348	5 468.38	149.24	5 268.87		32.59	17.68
	D2-921	底油、油色、清漆二遍 其他木材面	10 m^2	3.348	183.38	123.01	18.92		26.87	14.58
36	010902001001	屋面油毡两遍	m^2	33.48	12.60	3.79	7.23		1.26	0.32
	A7-41 换	自粘防水卷材屋面 干铺法{冷底子油 30:70}	100 m^2	0.334 8	1 260.68	379.39	723.35		125.84	32.10
37	020508027001	封檐板 1.材质:菠萝格防腐木 2.规格:30 mm×200 mm 3.面刷桐油二度(掺少量红漆),清漆罩面	m^2	4.96	637.75	75.46	536.87		16.48	8.94
	D2-419 换	挂落板、挂檐板、滴珠板 厚 5 cm	10 m^2	0.496	9 317.81	695.24	8 388.34		151.84	82.39
	D2-420 换	挂落板、挂檐板、滴珠板 板厚每增 1 cm	10 m^2	-0.992	1 561.87	31.85	1 519.29		6.96	3.77
	D2-921	底油、油色、清漆二遍 其他木材面	10 m^2	0.496	183.38	123.01	18.92		26.87	14.58
38	020602014001	宝顶 1.材质:菠萝格防腐木 2.规格:490 mm×740 mm 3.面刷桐油二度(掺少量红漆),清漆罩面	座	1	2 377.43	588.30	1 590.94		128.48	69.71
	D2-866 换	宝顶(葫芦)高 80 cm{水泥砂浆 1:2}	个	1	2 356.53	574.28	1 588.78		125.42	68.05

续表

序号	项目编码	项目名称及项目特征描述	单位	工程量	综合单价/元	综合单价				
						人工费	材料费	机械费	管理费	利润
	D2-921	底油、油色、清漆二遍 其他木材面	10 m²	0.114	183.38	123.01	18.92		26.87	14.58
		7.屋面工程								
39	020603001001	琉璃屋面	m²	33.48	163.76	72.47	65.75	0.84	16.01	8.69
	D2-731	琉璃瓦屋面 四方亭、多角亭 4#瓦{石灰砂浆 1:3}	10 m²	3.348	1 637.58	724.70	657.54	8.37	160.10	86.87
40	020603003001	琉璃屋脊	m	15.04	275.13	85.59	160.71		18.69	10.14
	D2-768	戗脊 1#脊头{水泥砂浆 1:2}	10 m	15.04	2 751.32	855.86	1 607.12		186.92	101.42
41	020603002001	琉璃瓦滴水	m	24.80	74.24	21.12	46.01		4.61	2.50
	D2-802	琉璃瓦花边滴水 1#花滴{水泥石灰砂浆中砂 M5}	10 m	2.480	742.43	211.19	460.09		46.12	25.03
单价措施项目										
	021001	脚手架工程								
42	桂 011701001001	外脚手架 1.材质:钢管脚手架 2.高度:5.6 m	m²	113.40	21.58	11.98	3.89	0.51	4.14	1.06
	A15-5	扣件式钢管外脚手架 双排 10 m 以内	100 m²	1.134 0	2 158.66	1 198.20	389.26	51.11	414.40	105.69
	011702	混凝土模板及支架(撑)								
43	011702001001	基础	m²	4.32	22.21	8.99	9.05	0.30	3.08	0.79
	A17-1	混凝土基础垫层 木模板木支撑	100 m²	0.043 2	2 221.23	898.83	905.16	30.40	308.23	78.61
44	011702001002	独立基础	m²	7.68	40.13	21.44	9.21	0.39	7.24	1.85
	A17-14	独立基础 胶合板模板 木支撑	100 m²	0.076 8	4 013.25	2 144.45	920.71	39.08	724.28	184.73
45	011702002001	矩形柱	m²	8.96	44.75	22.50	12.28	0.43	7.60	1.94

续表

序号	项目编码	项目名称及项目特征描述	单位	工程量	综合单价/元	综合单价				
						人工费	材料费	机械费	管理费	利润
	A17-51	矩形柱 胶合板模板 木支撑	100 m^2	0.089 6	4 474.85	2 249.68	1 228.20	42.67	760.37	193.93
46	011702005001	基础梁	m^2	5.28	45.01	21.30	14.18	0.47	7.22	1.84
	A17-63	基础梁 胶合板模板 木支撑	100 m^2	0.052 8	4 501.31	2 129.63	1 418.10	47.32	722.09	184.17

思考与练习题

1.简述仿古木作工程计量的特点。

2.简述仿古木作工程计价的注意事项。

3.某公园的园亭，请根据图 7.16 所示，试计算分部分项工程量清单综合单价。

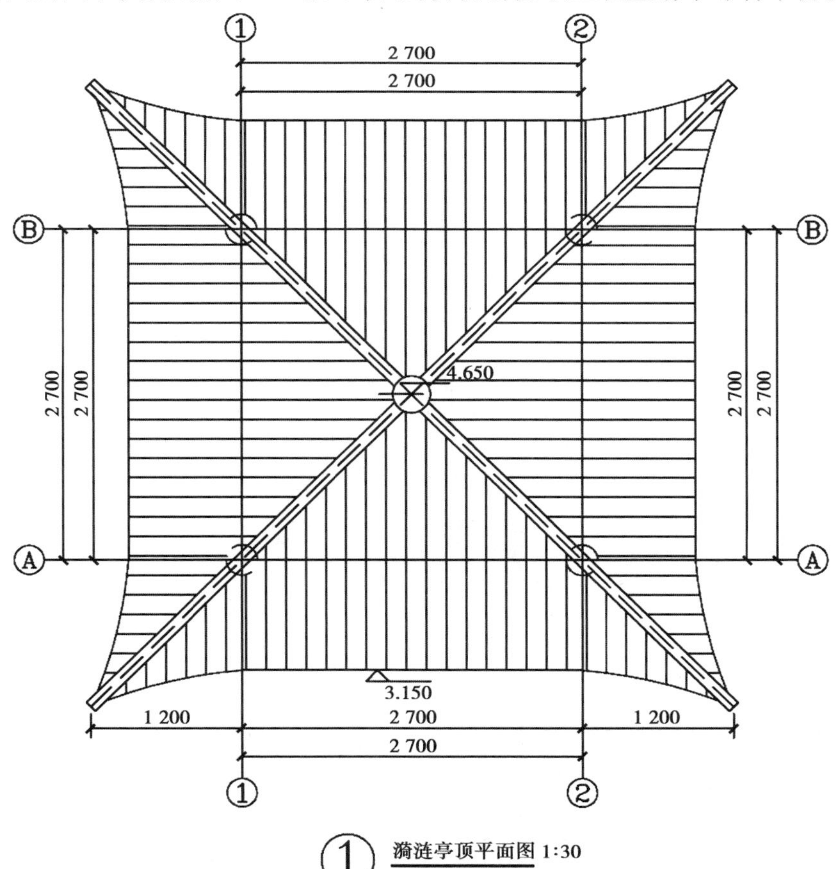

① 漪涟亭顶平面图 1:30

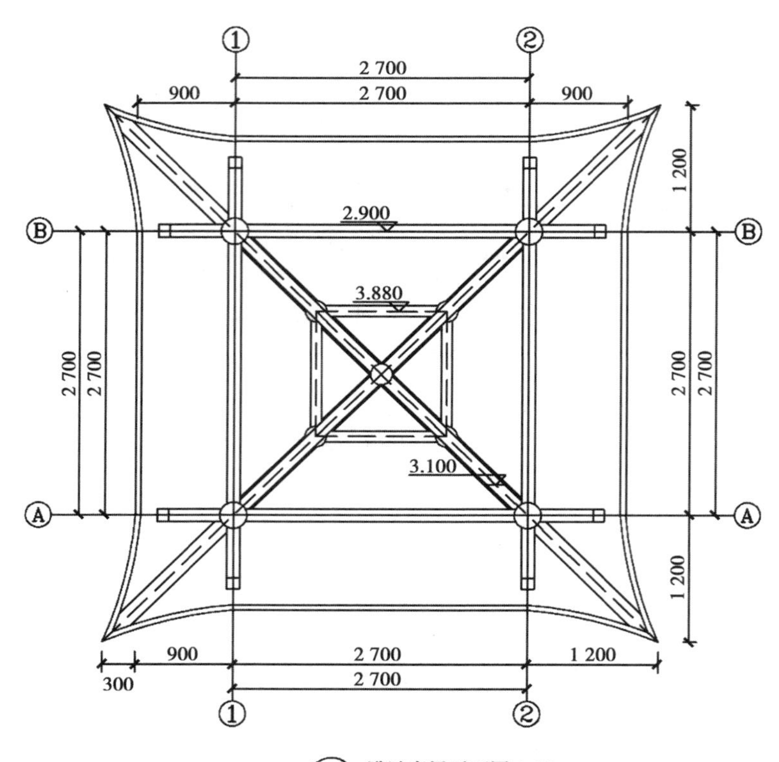

② 漪涟亭梁平面图 1:30

③ 立面图 1:30

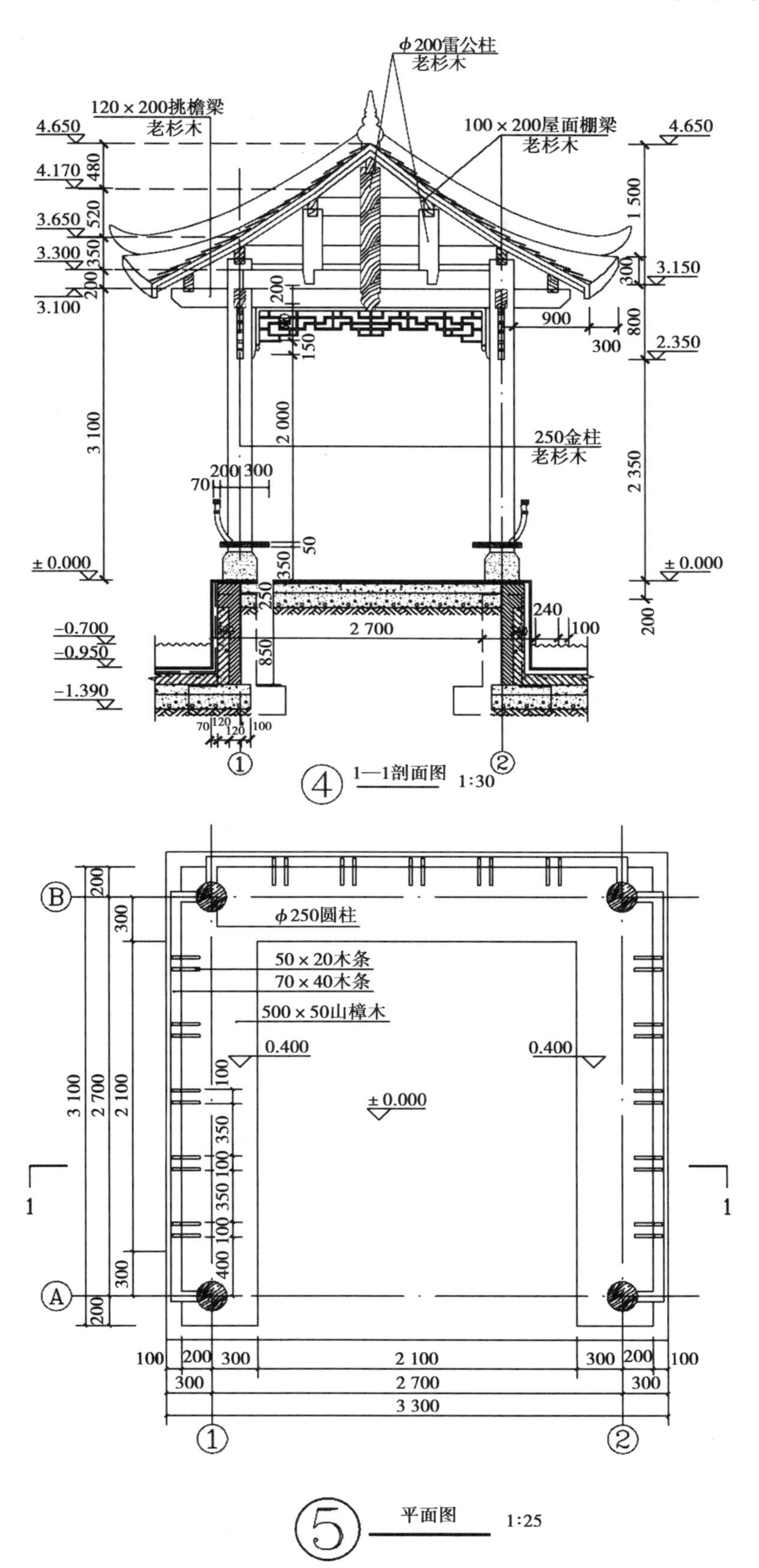

φ200雷公柱
老杉木
120×200挑檐梁
老杉木
100×200屋面棚梁
老杉木
250金柱
老杉木
4.650
4.170
3.650
3.300
3.100
3.150
2.350
±0.000
-0.700
-0.950
-1.390
2 700
1—1剖面图 1:30
φ250圆柱
50×20木条
70×40木条
500×50山樟木
0.400
±0.000
3 300
平面图 1:25

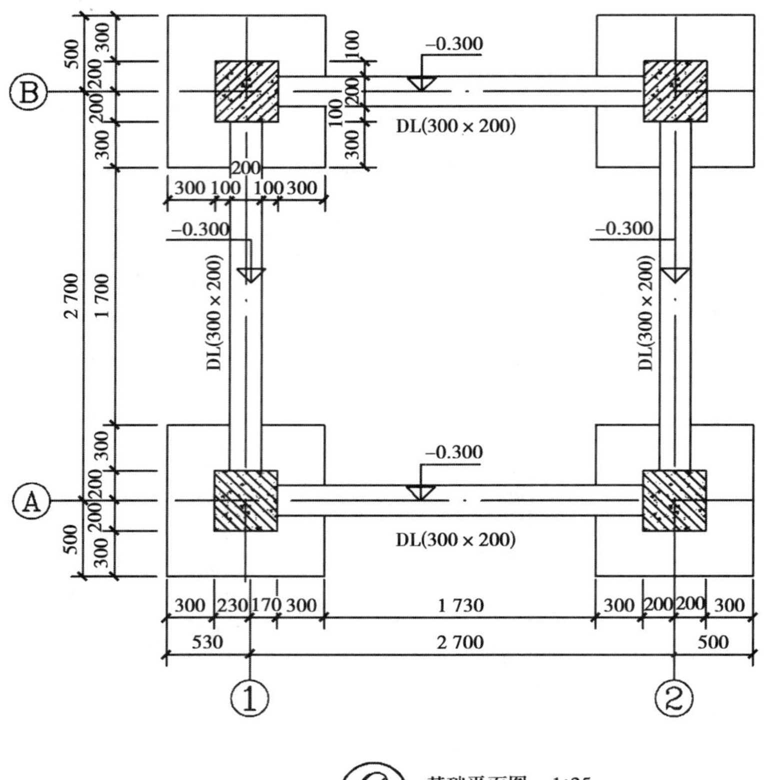
-0.300
DL(300 × 200)
-0.300
DL(300 × 200)
-0.300
DL(300 × 200)
-0.300
DL(300 × 200)
B
A
1
2
500
300
200
200
300
2 700
1 700
100
200
100
300
300 100 200 100 300
300 230 170 300
1 730
300 200 200 300
530
2 700
500
6
基础平面图 1:25

图 7.16

参考文献

References

[1] 宋芳,余连月.建筑工程定额与预算[M].2 版.北京:机械工业出版社,2015.

[2] 李慧,张静晓.建筑工程计量与计价[M].北京:人民交通出版社股份有限公司,2017.

[3] 赖伟琳.园林绿化及仿古建筑工程计量与计价[M].北京:中国建材工业出版社,2015.

[4] 温日琨,舒美英.园林工程计量与计价[M].2 版.北京:北京大学出版社,2014.

[5] 张建平.园林绿化工程计量与计价[M].重庆:重庆大学出版社,2015.

[6] 杨嘉玲,徐梅.园林绿化工程计量与计价[M].成都:西南交通大学出版社,2016.

[7] 广西区工程造价管理总站.广西壮族自治区园林绿化及仿古建筑工程消耗量定额　第一册　园林绿化工程[M].北京:中国建材工业出版社,2013.

[8] 广西区工程造价管理总站.广西壮族自治区园林绿化及仿古建筑工程消耗量定额　第二册　仿古建筑工程[M].北京:中国建材工业出版社,2013.

[9] 广西区工程造价管理总站.广西壮族自治区园林绿化及仿古建筑工程费用定额[M].北京:中国建材工业出版社,2013.

[10] 中华人民共和国住房和城乡建设部.建设工程工程量清单计价规范(GB 50500—2013)[M].北京:中国计划出版社,2013.

[11] 中华人民共和国住房和城乡建设部.园林绿化工程工程量清单计价规范(GB 50858—2013)[M].北京:中国计划出版社,2013.

[12] 中华人民共和国住房和城乡建设部.房屋建筑与装饰工程计量规范(GB 500854—2013)[M].北京:中国计划出版社,2013.

[13] 广西壮族自治区住房和城乡建设厅.建设工程工程量计算规范广西壮族自治区实施细则(GB 50584~50862—2013).2015.

[14] 广西建设工程造价管理总站.广西壮族自治区园林绿化及仿古建筑工程计价宣贯辅导材料,2013.

[15] 王俊安.园林绿化工程计量与计价[M].北京:机械工业出版社,2014.

[16] 周海萍,夏卿.园林工程计量与计价[M].北京:中国电力出版社,2016.

[17] 陈乐谓,高建亮.园林工程计量与计价[M].北京:中国林业出版社,2018.

[18] 李瑞冬.风景园林工程设计[M].北京:中国建筑工业出版社,2020.